經營顧問叢書 ㉝

U0034730

企業如何制度化

王力勤　編著

憲業企管顧問有限公司　　發行

《企業如何制度化》

序　言

「老闆打天下，制度定江山。」企業管理者都對這句話有切膚領悟。打天下需要眼光和膽略，定制度需要嚴密與科學，這是兩種截然不同的才能與管理重點。創業靠老闆打天下，成長因制度偉大。

俗話說：「沒有規矩，不成方圓。」對企業而言，規章制度就是「規」和「矩」，有了良好的制度，企業才能成「方」成「圓」。經營得好的企業都有良好的管理制度，這些制度規範並引導企業穩定、健康地發展。

所謂制度，簡單地說就是要求大家共同遵守的辦事規章程式或行為規則，例如人事制度、財務制度等。而「制度管理」，是指企業通過制定並落實制度來管理企業的方法和手段。

一個快速成長的企業，絕對少不了經營者；一個可以傳承的企業，絕對少不了制度，好制度的影響，使企業更長久。縱觀國際一流的大企業，都有著良好的管理制度。這些制度會引導企業走向穩健和成熟。制度是一個企業的基礎，用制度進行管理，則是企業成長壯大的推動力。成功的企業有一個共同的特點，那就是：用制度管人，按制度辦事。

制度伴隨企業的始終，好的制度打造出優質的企業。不管企業處於什麼階段，都需要一套企業制度來保駕護航。

　　一般而言，企業管理效果的好壞，取決於制度好壞及執行程度，而制定科學合理的規章制度，是首先要解決的事項。

　　其次，有了好的制度之後，最應該重視的是執行。沒有執行或是執行虎頭蛇尾，制度就會流於形式，成為擺設，也就無法發揮企業管理的作用。只有不折不扣地落實到位，制度才會發揮作用，才會體現出價值。

　　企業將自身的制度完善了，把制度制定得周詳合理，有效執行推動，仍然要將制定的制度不斷完善。

　　本書 2011 年初版，再版多次，2017 年 7 月全新內容加以修訂，增加更多企業實例，本書撰稿都是顧問師輔導企業實施制度化的寶貴教材，全書深刻闡述如何「制度化」，層次清晰，把握企業制度管理的要求，通過如何制定完善的制度、如何讓制度得以最佳執行、如何推動制度持續創新，確保建立制度，制度始終適應企業的發展需求，從而使我們贏在制度、贏在管理。

2017 年 7 月

行政部流程規範化管理 人力資源部流程規範化管理 生產部流程規範化管理 行銷部流程規範化管理 財務部流程規範化管理 培訓部門流程規範化管理

《企業如何制度化》

目　錄

第 一 章

企業制度定江山

1 一流的企業必有一流的制度

「打江山容易守江山難」，說守江山難，其實也不然。那麼，如何守住江山？關鍵在於治理。治理的依據又是什麼呢？

當年周武王向箕子詢問治國的常理，箕子告訴他，大禹治水有功，上帝就把九種大法賜給了禹，治國的常理因此定了下來。這九種大法就是歷史上的《洪範》。這是最原始的治理綱要。

同樣，明太祖朱元璋戎馬生涯，驅元順帝於漠北，一統江山，開大明基業，可謂馬背上打得天下。明朝建國後，朱元璋在有識之臣的輔佐下，一手策劃了明朝的一切典章制度，這其中包括了政治、經濟、軍事等方面。

在政治方面，明太祖朱元璋推翻了實行千餘年的宰相制

度，規定中央官制不設相職；實行分封制度，建立諸藩。在經濟上，實行了重農抑末的經濟政策。另外，為了配合國家財政經濟的需要，明太祖朱元璋還建立了一套體系嚴密的基層稅收制度——里甲制度和糧長制度。

在軍事上，則採用軍民分戶，建立衛所體制，輔以開中制度，建立了一套完善的軍餉供應體系。看來，雖然歷史朝代更迭，但不變的是：打下江山可以靠英雄，治理江山還得靠制度。對企業而言更應如此。

一個好的制度，可以讓紛繁複雜的企業事務變得有章可循，企業管理者也不再需要將大量的寶貴時間浪費在處理繁雜的事務上，企業的管理工作處於一種井然有序的狀態；一個好的制度，可以提高員工的工作效率，讓員工有更加充裕的時間發揮創造力，為公司創造更多的價值；一個好的制度，可以使員工之間達到公平和諧的狀態，減少管理者人為造成的不公平以及因此帶來的人事糾紛；一個好的制度，有利於建立一支高效的企業團隊，規範作業流程和員工工作行為，使企業形成一個融洽、競爭、有序的工作環境，進而提高企業的競爭能力與生存能力。

老闆辛辛苦苦地把公司建立起來後，最希望的是公司穩步發展，逐步壯大。可往往事與願違：很多公司在經歷了發展初期的短暫繁榮後，常會面臨發展「瓶頸」——發展沒後勁，原地踏步，甚至衰敗、破產。為什麼會這樣呢？因為公司制度沒有發揮應有的作用。正所謂，「老闆打天下，制度定江山」，企業發展不能沒有制度。制度是管理的法寶，好的制度才能規範企業，才能為企業的發展提供內驅力。

所有企業的管理者都希望自己的企業能夠穩步發展，逐漸壯大，但卻經常事與願違。很多企業管理者辛辛苦苦建立起了自己的「商業帝國」之後，卻在短暫的繁榮之後便銷聲匿跡。

造成這種「慘狀」的主要原因就是這些企業沒有一套一流的制度。「沒有規矩，不成方圓」，管理企業如果沒有一套一流的制度，那麼企業將瞬間被淘汰，制度是推動一個企業發展的真正動力，制度才是讓企業堅如磐石的重要根基。

當一滴水融入了大海，它才不會乾涸；當一個人融入了團隊，它才能更好地施展才華、成就自我。要知道，單個人的力量是渺小的，尤其是在企業打天下時，儘管有些創業者特別能幹，但他們個人的力量也是有限的，只有借助團隊的力量，才能打下一片更大的江山。

打江山容易，守江山難，相比於帶領團隊打天下，在打下天下之後，如何治理天下、管理天下，讓屬於你的天下穩步地發展，會有更大的難度。很多創業者帶領一幫員工風風火火「闖九州」，闖下「九州」之後，卻意味著事業的止步甚至終結。有一項調查顯示，中小企業平均壽命不到 3 年，這就是「守江山難」的最好例證。

為什麼會這樣呢？因為打江山時，人們會想：我什麼也沒有，放手一搏，失敗了也沒什麼。在這種心理狀態下，他們會有一股勇往直前、毫無畏懼、破釜沉舟的精神。在與困難鬥智鬥勇、反復周旋的過程中，不斷地獲得成功，自信心、進取心會一步步被激發出來，最終取得勝利。而守江山時，人們容易因驕傲而失去危機感，或因取得成就而自以為是，認為自己無所不能，於是輕率冒進。

當然，最根本的原因在於，管理一個公司是一門深奧的學問，

管理不當公司就會陷入混亂，這樣公司就很難繼續發展下去。如果企業管理得當，公司就會有生生不息的生命力，一代一代地傳承下來。這一點在著名的美國杜邦公司的發展歷程中，就有明顯的體現。

2 制度是幫助企業發展的發動機

根據過去的經驗發現，中小企業當人數少時，即使沒有任何制睦也會因家族成員與死忠員工人數多，各項作業運作十分順暢。一切講求情、理、法，用人情或目視管理，也未見有什麼爭端，老闆與員工經常溝通，任何問題均可在發生後最短的時間內得到解決。但員工人數成長增多時，老闆可用目視管理的匱點逐漸消失，許多公司常在此時面臨管理上的瓶頸而不自如，由於未能突破，最終又回到小公司。企業不重視制度建立，經常會衍生下列問題：

1. 經營體質無法提升。

事實上我們從制度建立過程中可發掘企業潛在危機（包括資金週轉、無效率的浪費、員工舞弊瀆職、品質不良、庫存過多等），以及企業經營上的盲點、缺點與弱點，這些現實或潛在問題若不予以解決，公司只能求自保，妄想企業能升級。

2. 管理人員缺乏指導準則，管理與教育員工的工作困難重重。

3. 缺乏制度的公司通常也缺乏前瞻性，懂得為自己未來作打算的人員不會留下來。

走了人才，留下庸才，惡性循環結果，企業成長瓶頸就更難突破。

4.缺乏制度與書面作業，良好的經驗與作業準則會因優秀人才的離開而流失，使得良好經驗、優良傳統無法永續傳承。

5.員工表現優劣缺乏獎懲評核標準，使得幹部想要表揚或懲戒員工經常師出無名。

一般公司應當制定之制度章程種類繁多，公司可視本身規模大小以及制度需要的先後緩急制定，由於各項制複章程息息相關，所以制定時應通盤考意，以免將來各項制度的規定先後矛盾。此外各類表單規格與專用名詞亦應統一，減少將來爭議發生。

俗話說：「打江山容易，守江山難。」如果沒有一個可行且有力度的制度，企業就難以走向一流行列。因此，制度才是企業發展的內在動力。

一個企業如果沒有優良的制度，就等於無本之木，沒有生命力和發展力，很快枯萎衰敗。

如果你是剛剛打下「江山」的企業創始人，那麼你可能會說：「我的企業完全沒有問題。」這是因為，你本身具有很強的魄力和智慧，完全能夠通過自己的力量來支撐和管理企業。

但是你有沒有想過你的下一代是否還具有這種能力？我們也經常聽到很多關於企業短暫輝煌隨即隕落的故事，究其原因就是因為企業創始人高估了自己的能力而沒有料想到後來人對企業的管理能力不足。雖然你很有能力管理企業，但是卻不能看到企業的長遠發展。所以，靠一人支撐的企業，是不能持之以恆的，要想讓企業的後來人繼續完好地支撐企業，讓企業走上一流的道路，必須要

制定一套科學合理的制度，這是企業發展的根本動力所在。

　　也許你是一位家族集團的繼承人，或許在你的意識裏父輩或者更久遠的創始人早為你制定好可行的制度，但是如果你不運用長遠的眼光來看問題，那麼你的集團也許還是會被過去的舊制度套牢。所以從這一點來講，你依然需要一種優良的制度。

　　無論從哪個方面來講，制度的合理規劃，都是企業發展的法寶，也是企業發展的根本和內在動力。

　　挪威的阿克集團是全球知名的大型集團，這個擁有將近 4 萬名員工，年收入超過 500 億歐元的大企業是如何保持高水準、高效率的呢？

　　經過研究，眾多學家一致得出阿克集團的高效運營是靠一流的管理制度這一結論。也正是因為這套管理制度，才讓阿克集團成為一流企業。

　　專家進入阿克集團，進行詳細考察，發現阿克集團的制度不但十分完善，而且還特別規範。

　　阿克集團在早期的管理制度設計中，有著明顯的個人主義色彩，甚至還被稱為是「專制主義」，即集團內部大小事務都由創始人一人說了算。這種管理模式帶來了很多弊端，後來由於高層個人的能力一代不如一代，所以阿克集團曾經一度陷入管理混亂的泥潭，不能自拔。

　　面對危機，阿克集團高層決定運用集團式高級管理方式，並且制定一定的科學制度。將權力、執行力分配到各個機構和部門，並採取獎罰分明、分工合理的制度。同時，集團內部也進一步確立了制度至上的企業文化理念。最終阿克集團的管理

效率大大提高了，集團實現了高速發展。

如今的阿克集團為了進一步促進企業發展，防止管理失去彈性，面對複雜、競爭激烈的市場，阿克集團決定採取更合理的體制，將權力進一步下放，這一舉措更是為阿克集團如虎添翼，阿克集團因這樣健康有序的制度而再次獲得了飛速的發展。

從世界一流企業阿克集團的這個例子中，我們足以看出，一套科學合理的制度對企業發展具有重大作用。可以這樣說，制度是企業發展的內在動力。沒有規矩，就不能成方圓。所以，要想讓企業跨進世界一流企業的行列，必須要注重制度的建設與發展。

3 好制度使你的企業經營大不相同

每天早上，當你走進明亮的辦公室，一天的工作就開始了。新的一天，是忙碌還是盲目？你的心情此刻是陰霾還是陽光？透過辦公室的巨大玻璃窗，看到你的員工是按部就班，還是急躁抓狂？

什麼能讓你的管理輕鬆而且有效？

答案只有一個，那就是制度化管理。制度化管理，是當今世界最為流行、最為有效的一種管理方式。

分析那些優秀企業的成功經驗，他們之所以優秀，是因為他們具有比別人更完善的、並得到了切實執行的制度。

1. 好的制度有助於建立正常的生產經營秩序。

企業是一個多元素、多層次、多系列、多結構的複雜的綜合體。要把這個綜合體裏的每一個成員的智慧和力量充分發揮出來並能最優化地組織起來，高質、高效地完成經營生產任務，就必須要有一整套管理制度，使企業的所有工作和員工有章可循。實踐也證明，凡是這樣做的企業，其各項工作就能按規則制度有序地運轉。

2. 好的制度有助於調動員工的工作積極性。

對於企業來說，只有當它的每一位員工的積極性、主動性和創造性都得到了充分發揮，並形成了一種集體合力時，這個企業才能搞得好。當企業建立起符合市場規律，符合現代管理原理，並能充分體現社會主義道德觀念和行為規範的管理制度時，就會使全體員工知道：應該做什麼，不應該做什麼；應該怎樣做，不應該怎樣做；以及明確自己的主要職責，所擔負的職責對整個企業的工作具有什麼意義和作用。

這樣，就能把全體企業員工的工作積極性充分地調動起來，成為推動企業生產經營工作不斷前進的巨大動力。

3. 好的制度讓消費者得到放心的優質服務。

企業要建立現代企業制度，最重要的是要處理好企業與消費者的關係，因為消費者是市場的核心。企業離開了市場和消費者就失去了發展的根基。

有位企業家說過一句話，即「創新創造有價值的訂單」。他說創新的目的和意義在於為企業創造有價值的訂單，他認為企業必須時刻把客戶擺在第一位，這個客戶不是一般的客戶，而是有價值的訂單客戶。

消費者是市場的核心，我們只有找到消費者才算是找到了市場，不僅要找消費者還要找有價值的訂單，這就是管理的精髓。最有效的管理就是化繁為簡，把複雜的問題簡單化。市場和客戶的情況變化是非常複雜的，但是你可以用一種非常簡單的方法來應對。即用制度將消費者的利益置於企業經營的第一位，用制度將為消費者提供全優服務落實到企業的各項活動中。

4.好的制度可以培養員工真正的忠誠。

在大多數企業都有一種不成文的規矩，即禁止內部員工談戀愛。其實，這種做法是不合法、也是不可取的。棒打鴛鴦只能導致軍心渙散，讓員工對組織感到寒心。獲得如此待遇的員工即便留下，也會身在曹營心在漢。

工程師田中為日立公司工作近 12 年了，對他來說，公司就是他的家，因為他美滿的婚姻甚至都是公司給予的。原來，日立公司內設了一個專門為職員架設鵲橋的婚姻介紹所。日立公司人力資源部的管理人員說：「這樣做還能起到穩定員工、增強企業凝聚力的作用。」

日立鵲橋總部設在東京日立保險公司大廈的八樓。年輕的田中剛進公司時，便在同事的鼓勵下，把學歷、愛好、家庭背景、身高、體重等資料輸入了鵲橋電腦網路。在日立公司，當員工遞上求偶申請書後，他（她）便有權調閱電腦檔案，申請者可以仔細地翻閱這些檔案，直到找到滿意的物件為止。一旦他（她）被選中，聯繫人會將挑選方的一切資料寄給被選方。被選方如果同意見面，公司就安排雙方約會。約會後雙方都必須向聯繫人報告對對方的看法。終於有一天，同在日立公司當

接線員的富澤惠子從電腦上「走」下來，走進了田中的生活。不到一年，他們便結婚了，婚禮是由公司月老操辦的。

　　有了家庭的溫暖，員工自然就能一心一意地撲在工作上，如果這個家是公司促成的，員工對公司就不僅是感恩了，而且是油然而生的一種魚水之情。這樣的管理成效是一般意義上的獎金、晉升所無法替代的。

4 偉大的制度，成就偉大的企業

　　為什麼越來越多的現代企業管理者意識到了制度建設的重要性？因為經歷了創業的艱難，在企業逐步走向正規管理的同時，他們看到了制度的優越性。一個合理的、完善的、有效的制度，讓創業者們逐步走向他們事業的新高峰。

　　如果說管理是樹木，那麼制度就是滋養萬物的土壤。只有肥沃的土壤，才會培育出茂盛的植物；只有健全、完善、合理的制度，才能使企業實現規範有效的管理。制度是管理最有力的保障和支持。只有不斷完善的制度，才能讓管理走向規範化，才能讓管理者從繁瑣的事務中解放出來，才能為主管和員工提供最大的創造空間。在當今這個日新月異的時代，企業的內外環境在一刻不停地發生著變化，如市場的環境在變，客戶的需求在變，競爭對手在變，企業內部環境每天也都在變，員工自身也在變……一切都在變。

一個持續變化的企業組織，必然要求其組織規則跟著變。因此，企業的規章制度必須不斷地改變，不斷地修訂、補充、完善。通過制度不斷地建立和健全，企業才能持續適應變化了的客觀環境。

否則企業組織就有可能無法適應日新月異的環境變化，很快被淘汰。

1.沒有完善的制度，只有發展的制度

企業制度是用以規範員工行為、使各項工作有章可循，從而提高管理效率與品質的行為準則。每個企業都在一直致力於尋求最適合自己的完善的制度，但我們知道，世界上從來沒有完美的東西。因此，好的制度，需要跟隨時代的發展變化不斷地修訂。

好的制度不是一成不變的，它在不斷地變化中趨於合理、完善，因而才能保持永恆的生命力。好的制度需要在變化中求和諧，在和諧中求發展，在發展中求完善。大到治理國家，小到管理企業，一成不變的制度是沒有生命力的。因此，制度的完善與創新尤為重要。發展的制度可以為企業的規範管理提供支援，只有良好的管理才能使企業在當今社會具有競爭力。

建立制度對於政府部門的工作非常重要，同樣，對於一個現代化企業來說，面對競爭日益激烈的市場，建立制度也是刻不容緩的。

制度建設要不斷創新。企業發展是個動態過程，制度建設也是個動態過程，制度需要隨著宏觀形勢的變化和企業自身的發展而不斷進行修改和完善。比如要根據國家法律法規、政策制度發展變化的需要而修改和完善制度。企業經營管理實際上就是一個與政府、市場、競爭對手等社會各方面因素進行互動的過程。因此，作為企

業管理的一項基本工具，制度也需要不斷創新、不斷改進。

　　某單位曾經有過這樣滑稽的規則，這個單位以發生意外事故的多寡來決定是否表彰員工。這樣的規則如用在幾乎沒有危險性的工作場所，顯然不合情理。表揚無事故記錄的員工自然很好，但是要考慮各種不同的情況，是否適合現實情況，做到公平公正。對於有些工作崗位上的人，工作本身就沒有危險性，那肯定是要受表揚了；而那些從事危險性較高的工作的員工，則很可能與表揚無緣。

　　總之，規章制度的建立、制定是隨著生產的發展、企業的進步不斷改變的，而不應該一成不變。一個有經驗的企業管理者要善於用規則管理員工。注重制度建設，並且使制度適應企業內外環境的變化與發展，這對於企業來說具有十分重大的意義。

2.沒有完善的制度，只有合理的制度

　　讓制度不斷地趨於完善，僅僅依靠制度發展是不全面的，就像大海行船，沒有舵手，我們無論如何也到不了彼岸，而制度的合理化就是制度發展的方向。

　　建設合理的制度是做好管理工作的基礎。只有合理的制度才能在實踐中得到不折不扣地執行。制度不落實，管理責任不到位，企業就不可能實現持續發展。因此，制度建設要切合實際。有人戲稱制度就是遊戲規則，規則要公正、公開、公平，切不可「管、卡、壓」，過分地強調控制就會帶來嚴重的負面影響，如降低員工的積極性，影響創新能力的發揮等。管理者既要把制度建設成為一種行為規範，又要通過讓員工參與制度的制定、對員工進行制度宣傳教育等有力措施使制度深入員工心中，通過潛移默化的影響使得員工培養高度的自製力，達到員工自製與企業控制之間的最佳平衡。

　　合理的制度不是管理者的獨裁和專權，而是在員工和管理者的
共同努力下能夠不斷發展和完善。

5 要想公司管得好，制度要當寶

　　企業在制定制度時，要以目標為導向，只有這樣，才能增強制
度的科學性與合理性。在有了好的制度後，關鍵在於執行。因為制
度的作用和價值，只有在執行中才能夠得以良好的體現。身為管理
者，在制度的執行中起到了很重要的作用，有句俗話說「上樑不正
下樑歪」，可見，管理者只有將制度執行到位，才能確保員工也執
行到位，這樣的話，制度的目標導向作用才能真正地起到作用。我
們具體可以從以下幾個方面來做：

　　管理者要身先士卒，帶頭遵守與執行制度。一套科學的制度，
必然蘊含了企業的價值導向。這個導向能否有效激勵全體員工朝著
正確的方向努力，關鍵在於企業的人員是否做到了有效執行。因
此，管理者要做好制度執行的表率，自覺按照要求，帶頭遵守與執
行制度。我們提倡用制度來管理，對於管理者來說，制度的規範性
首先要從自己開始，之後，才能有效地在全體員工中普及，使得制
度的目標性內在要求得以貫徹。

　　好的制度要長期堅持，切忌朝令夕改。企業制定一套科學、有
效的制度，總是要花費一定的時間和精力，因此，企業一旦有了好

的制度，就要長期堅持，不要朝令夕改，否則，會導致好的制度不能得以有效地推廣。曾經有一家公司，喜歡對其他公司的做法進行跟風，企圖快速獲得短期利益，在聽說別的公司搞 ERP 提升了業績，自己也就趕緊投資做 ERP；聽說別的公司做人性化管理有了好的結果，又趕緊搞人性化管理……這樣，公司出臺了不少制度，其中不乏一些高品質的好制度，但都沒有得以切實貫徹執行，這家公司在經營上也逐漸走向衰落。所以，有了好的制度，就一定要長期堅持，只要假以時日，一定會在制度管理上取得進步。

6 完善合理的制度，給企業帶來好處

第一，完善合理的制度可以把管理者從繁瑣的事務中解放出來。

作為一個管理者，你是否有時會因為員工的不規則操作，或是很多細枝末節的瑣事而感到焦頭爛額？

完善合理的制度像是一把鋒利的劍，可以為你斬斷一切紛擾。永遠都不要畏懼出現的問題，因為世界上沒有一勞永逸的方法，只有不斷更新的制度才能為你解決後顧之憂，就像不斷升級的殺毒軟體，時刻保衛你的電腦。免於無謂的精神投入，讓你的主管才智得到最充分地發揮。

完善合理的制度使現代企業紛繁複雜的事務處理變得簡單，企

業管理者不再需要將大量的寶貴時間耗費在處理常規事務中。這樣一來，常規事務的處理就變得有章可循，企業的工作也可以處於一種有序的狀態中。

第二，完善合理的制度可以讓員工充滿激情和創造力。

肯‧布蘭佳帶來的「共好」（「共好」是中文「一起工作」的意思，指的是以正確的方式做正確的事情，而且得到正確的結果）的理念，讓員工認識到了他們工作的重要性。無論是生產螺絲的員工，還是洗盤子的工人，只要他們認識到了「螺絲將固定在嬰兒床上，用於保障嬰兒安全」或是「餐廳裏一群人的健康就握在他們手上」，相信員工們會樂於接受和認可制度，並主動維護、完善制度。

靈活有效的制度提高了工作效率，讓員工們有更加充裕的時間發揮他們的創造力，為公司創造更多的價值。

同時，由於制度對於每個人都是一樣的，制度的完善會使員工之間達到一種公平和諧的狀態，能減少因管理者人為原因造成的不公平所帶來的人事糾紛。完善合理的制度是打造和諧團隊的根本。

第三，完善合理的制度可以使企業或組織的競爭力獲得極大的提升。

同治理國家一樣，在企業中完善合理的制度可以使企業提高工作效率。在當今競爭越來越激烈的情況下，提高工作效率和企業管理水準可以極大地提高企業的綜合競爭力。

總之，建立完善合理的制度可以大大提高企業的管理效力、決策與實施的速度，提高企業的競爭能力與生存能力。

7 企業傳久遠靠制度

　　能夠香火傳承的家族，總有這樣一副對聯：忠厚傳家久，詩書繼世長。能夠基業常青的企業，該有一副什麼樣的對聯呢？「文化傳家久，制度繼世長！」企業傳承，如果只想到傳給什麼人，往往走入誤區，其實，制度才是最好的傳人。企業選到一個好人，也只能傳承一代，制定了偉大的制度，才可以代代相傳。

　　杜邦公司創立於 1802 年，發展到現在已經有兩百多年了，是世界 500 強企業中最長壽的公司。為什麼它能這麼長久？這與杜邦家族不斷進行的企業制度創新有關。早期的杜邦公司，在管理上個人英雄主義色彩很鮮明，尤其是亨利‧杜邦，被人們稱為「愷撒式管理」。什麼意思呢？就是單人決策。公司的所有決策，那怕是細微的決策都要由他親自制定，所有支票他都要親自開，所有合約他也都要自己簽等。這種管理方式取得了較好的效果，在長達 39 年的任期內，亨利將公司帶到了一個前所未有的高度，並建立起了杜邦帝國。

　　但問題是，完全依靠個人能力的管理是無法傳承的，這對於一個組織來講是很危險的。事實馬上就證明了這一點，1889年，亨利去世，侄子尤金‧杜邦承繼「大統」，但由於他經驗不足、管理無能，導致了企業的大衰退。直至後來，差點兒把杜邦賣了。

　　為了挽救杜邦公司,杜邦家族改行集團式經營的管理體制。新的管理架構決策權依然掌控在家族成員手中,但他們不再親力親為,而是交由執委會執行。將管理制度化,而不是僅僅依靠個人的單打獨鬥,這種方式使得效率顯著提高,大大促進了杜邦公司的發展。但是,權力集中也有缺陷,過於集中就沒有彈性,很難適應市場的變化,於是杜邦公司又實行了多分部體制,把權力下放,杜邦公司再次獲得大發展。

　　然而,市場是不斷變化的,20 世紀 60 年代初,杜邦公司又一次面臨重重危機。杜邦家族擁有的 10 多億美元的 GE 股票被迫出售,杜邦家族多年的優良資產被剝離,而由杜邦家族控制的美國橡膠公司也被洛克菲勒家族搶走。

　　公司經營上出現問題,說明舊的經營模式已經不適應公司的發展。為了應對這場困境,科普蘭‧杜邦臨危受命,出任第 11 任董事長兼總經理,並提出新的經營方針。1967 年底,科普蘭把總經理一職讓給了非杜邦家族的馬可,財務委員會議議長也由別人擔任,自己專任董事長一職,從而形成了「三頭馬車式」體制。1971 年,科普蘭又讓出了董事長的職務。

　　在科普蘭之前,杜邦家族以外的人不能擔任最高管理職務。現在,科普蘭發起了一場跨時代的變革,徹底拋棄了故步自封的家族習俗,結束了長達 170 年的家族控制和管理。杜邦公司正式由專業管理層接管,成為經理式企業,也由家族企業向現代巨型公司轉變。

　　時至今日,作為一家上市公司,杜邦家族成員中的大部份都成了優秀的經理職員,只有五六人列席公司的董事會,一人

進入高層管理。雖然杜邦公司董事會中的家族成員比例越來越小，也基本上不參與重要的經營決策和管理，但杜邦家族仍然是公司的所有者，享有公司利潤的較大佔有率。

從第 11 任董事長科普蘭開始，到現在的第 19 任董事長柯愛倫，杜邦公司換了 8 任董事長，但卻一直沿襲同樣的企業制度。

從杜邦公司的發展中我們可以看到，杜邦公司之所以能夠長久發展，關鍵在於它的制度。雖然每一個歷史時期的管理方式不同，但都有它特定的制度規則：第一個百年，單人決策制；第二個百年，從集團式經營到多分部體制，進而形成「三頭馬車式」體制，成為由職業經理人管理的企業。這些制度在一定時期內保障了杜邦公司的發展。

當然，從最初的個人英雄主義到現在的職業經理人管理，不僅是制度的沿襲和傳承，更是制度的發展與創新。從科普蘭的制度變革中，我們就看到了這一點。杜邦公司的可持續發展，源於杜邦公司的制度創新，對於所有的企業而言，這也是最根本的。如果用一句話來表達的話，那就是：制度創新是最根本的創新，制度變革是最重要的變革。

另外，我們也會發現，杜邦公司發展至今，已經傳承了 19 任，在這 19 位董事長中，不乏英雄人物，像伊雷內·杜邦，開啟了杜邦兩百多年的光榮之旅；亨利·杜邦，通過行業協會和兼併同行企業的做法，令杜邦帝國迅速發展；科普蘭·杜邦，拋棄故步自封的家族習俗，成為「危機時代的起跑者」等。這些人無疑是杜邦家族歷史上最重要的人物，他們在位的時候都

是響噹噹的人物。但是，現在的人們只知道杜邦公司，卻很少有人知道科普蘭·杜邦是誰。這說明了什麼？一個快速成長的企業，絕對少不了領袖，企業家的名字比企業更響亮；一個可以傳承的企業，絕對少不了制度，好制度比好領袖更久長。

從最初的個人英雄主義，到後來的用制度管理公司，這是杜邦公司的一大進步。也正是這樣，才有了經久不衰的杜邦公司。

日本松下幸之助說過，賺錢是社會繁榮的重要途徑。如果做不賺錢的工作，倒不如一開始就別做，做也沒有意義。杜邦公司的創始人亨利·杜邦認為：「企業利潤高於一切。」杜邦家族的男性成員如果工作一段時間後，仍然沒有表現出才能，就會被請出公司，他們堅信：只有家族服務企業，沒有企業服務家族。

所以，領袖是打天下的「王」，制度是定天下的「王」。

一位打天下的統帥，怎樣變成定江山的王者？制定制度，創新制度。制度為王，江山才能永固。

心得欄

----

8 給企業制度下個定義

英國歷史學家阿克頓曾經講過這樣一個故事,說的是有七個人每天分一桶粥,但是,粥每天都分不均,於是他們就開始想辦法。

起初,他們指定一個人負責分粥,但卻發現這個人為自己分的粥最多,再換一個人,還是如此。後來,他們每天輪流分粥,但是每週下來,只有自己分粥的那一天是飽的,其餘六天都要挨餓。再接下來,他們開始推選出一個信得過的人出來分粥,但不久,在大家的討好、賄賂下,他也不公平了。然後,大家組成一個分粥委員會及監督委員會,用監督和制約來保證公平。但他們常常相互攻擊,扯皮下來,粥早就涼了。

最後他們想出來一個方法:每個人輪流分粥,但是分粥的那個人要最後一個領粥。令人驚奇的是,七隻碗裏的粥每次都是一樣多,為什麼?原因很簡單,如果七隻碗裏的粥不相同,那麼分粥人碗裏的粥無疑將是最少的,為了不讓自己吃到的最少,所以每個人都儘量分得平均。

從管理的角度看,「七人分粥」講了四種管理方式:職責、分工、素質、組織。指定一個人負責分粥講職責,每天輪流分粥講分工,推選出一個信得過的人講素質,組成分粥委員會講組織。當這些都不管用時,大家輪流分粥,分粥的人最後一個領粥,講的是遊戲規則。

分粥說明了什麼問題？解決企業管理難題，職責、分工、素質、組織是一般管理，制度是根本管理。一般管理揚湯止沸，制度管理釜底抽薪。

什麼叫制度？有的說企業制度是關於企業組織、運營、管理等一系列行為的規範和模式的總稱，也有的說企業制度是在一定的歷史條件下所形成的企業經濟關係。在這裏我們給它下個簡明的定義：制度就是企業經營管理的遊戲規則。

制度是外部遊戲規則，企業經營說到底是整合貨幣資本和人力資本與其他企業博弈的遊戲。贏的企業才會在市場上存活下來，輸的企業就會被淘汰，這種遊戲規則就是一贏一輸。不過也有一些雙贏的，比方說企業之間建立的聯盟。

制度也是內部遊戲規則。除了市場上的大博弈之外，還有企業內部的貨幣資本與人力資本的博弈。準確地說，老闆代表了貨幣資本，員工和經理人代表了人力資本。內部博弈的結果不能是一贏一輸，這兩者之間尋求的是雙贏，這才是真正的贏。當然，內部博弈也有一贏一輸的，但基本原則是這兩個之間的博弈要服從企業經營的大博弈。

9 企業制度為何行不通的原因

為了能夠更好地向人們說明制度是企業發展的內在動力，我們還必須在對一些企業的發展過程的研究中，對制度的規劃和實施出現的問題進行分析。先要查找制度在有些企業行不通的具體原因，根據這些原因，我們再來具體地總結解決方法，讓企業管理者更好地完善制度，推動企業發展。

三國時期諸葛亮含淚斬馬謖的事情，也很好地說明了管理的核心在於制度約束的道理。雖然這是軍中的制度，有些嚴格，但是在企業管理中卻也一樣需要這樣的約束力。如果沒有制度，那麼企業管理就如同一紙空文，絲毫不能填滿成績。

1. 企業高層說了算的制度，嚴重阻礙企業發展

很多企業實行一種「專制」的制度。這樣的企業可以說不是沒有制度，而是有一種特殊的「專制」制度。往往是企業高層說了算，企業內部大大小小的事情也都由高層來定奪。這樣一來，企業就很難向前邁進，因為員工對這種制度心知肚明，所有的事情都要由大老闆拍板，這樣就無法激發員工的工作積極性，從而阻礙企業發展。

美國西凱勒電器在創立初期，其產品在家電市場中也是佼佼者，由於品質和口碑都比較好，所以產品十分熱銷。也正是因為這樣，這家公司迅速地從一個小家電公司成長為一家中型家電企業。但因為過渡時間太短，所以企業還是停留在過去的管理制度中，高

層的管理者對企業大大小小的事務都「專制」起來。雖然名義上也
有一些新規章制度，但卻沒有實際意義。時間久了，員工不再有積
極的工作熱情，而公司經理依然一味地沉浸在過去的專制管理中。
最終，這家公司只能被無情地淘汰。

將制度作為評判是非的唯一標準，制定有實際意義的制度才是
企業發展的內在動力

要想成為一流的大企業就必須要做好制度建設方面的工作。一
個企業有了制度，內部大小事務也就不再是一個人說了算。制度就
將成為評判是非的唯一標準。這樣一來，制度就有了現實的重要意
義。而員工也會因此而激發工作熱情，向制度看齊。最終，員工能
夠為企業做出最大努力，從而在根本上推動企業不斷向前發展。

2.不把制度當成是企業發展的基石，永遠停留在二流或三流企業的行列中

為什麼世界上的一流大企業那麼少，而中小型企業卻遍地都
是？這其中與企業的制度建設有很大的關係。徘徊在二流甚至三流
企業中的企業，往往看不到大型企業發展的內在動力，他們只是看
到一流企業外在的風光和硬體設施，卻看不到他們內在的發展動力
是什麼。其實，制度才是一流企業發展的根本動力。

在德國法蘭克福有家名為漢斯的廣告公司，其創始人德芙琳與
丈夫一起經營這家小型廣告公司。由於兩人分別來自慕尼克的高等
學院，而且還在一些大型企業中擔任過重要職位。所以，一開始兩
人就接到了不少的業務。所以，公司的效益得到了初步的上升。兩
人決定要向大型的廣告公司邁進。他們以為憑藉自己出色的技術就
能夠躋身大企業行列，但是他們卻完全忽視了一個企業最基本的基

石——制度。他們沒有為員工想到實際之處，甚至沒有在制度方面下大力氣，一味地模仿大型企業在技術方面的成就。最終，兩人創辦的廣告公司不但一直停留在小型發展階段，而且他們至今都不知道自己的欠缺在哪裡。

把制度當成企業發展的根本內在動力，向制度出發

其實，在現實中有很多人像上述故事中兩位企業創始人一樣，心中縱然有宏偉藍圖，卻不知道實現它的根本是什麼。一個企業的創始人也好，發展中的新生力量也罷，要想讓企業躋身一線，就必須要重視制度，向制度出發，制定一個科學合理的制度才是企業發展的根本。

3.重視了制度，但是過分苛刻或者寬鬆，難以推動企業發展

有些企業管理者並不是不注重制度，他們不但注重制度，而且還制定了很詳細的制度來管理企業。但是問題又來了，這些企業往往將制度看得太重，將制度制定得過於苛刻或者寬鬆。結果造成了員工的壓力和混亂，從而也不能從根本上推動企業發展。

許多中型企業的高層由於想要加快工作步伐，趕超同步企業，於是重視制度，將制度制定得十分苛刻，比如員工遲到三次就要罰款 500 元，偶爾完不成工作任務也要罰款等。如此一來，員工的內心就會產生極大的壓力，隨之而來的是一系列的疲倦感。最終很多員工由於難以接受這樣的制度而紛紛辭職。如此「重視制度」，不但沒使企業躋身一線企業的行列，反而讓它很快面臨危機。

制定有利於激發員工積極性的制度，讓員工有一定的空間，這樣企業才能更好地發展

好的制度就是要給員工一定的空間，只有這樣，員工才能產生積極的工作熱情。賞罰分明、科學合理才是最重要的制度原則。彼得，德魯克曾經說過：「員工是企業向前的核心，但是制度卻是員工的核心。」所以，如果要想讓員工積極工作，促進企業快速發展，就要制定科學合理的制度，給員工一定的空間。

10 管人不如「法治」

《孫子兵法》指出：「要規定明確的法律條文，用嚴格的訓練整頓軍隊，對士兵過於寬鬆，過於愛憐，結果會導致士兵不能嚴格執行命令，部隊陷入混亂而不能加以約束。」當前企業面臨的競爭，其殘酷程度不亞於冷兵器時代戰場上的血肉拼殺，如果企業沒有嚴明的制度，做不到令行禁止，是不可能在競爭中取勝的。

俗話說：「沒有規矩，不成方圓。」規矩、秩序、制度的重要性不言而喻，當一個團隊缺少規章、制度、流程時，團隊就很容易陷入混亂，這是非常糟糕的事情。

企業因沒有合理制度的規範、主要靠人治而產生的常見弊病如下：

1. 職責不清

在很多企業中，經常會遇到由於制度不合理，導致工作安排不合理，造成某項工作好像兩個部門都管，但實際上哪個部門都沒有

認真負責。兩個部門對工作糾纏不休，扯皮推諉，使得原本應該是職責分明的人員安排變得混亂無序，造成極大的內耗。

2.業務流程無序

由於人治帶有很大的隨意性，很容易導致一項工作原本應該按照一定的流程來進行，但是人受情緒變動的影響，往往容易跳出這個流程，任意所為，最終造成流程無序。舉個例子，採購人員拿著資金外出採購，回到公司原本要上交帳單，和財務交接工作。但是由於公司沒有明確的制度規定，採購人員可能遲遲不與財務對賬，甚至私吞公款，利用假票據蒙混過關。

3.缺少協調與配合

由於制度中沒有明確規定哪個部門負責哪項工作，那麼部門之間的協調工作就會出現問題，甚至出現部門間的斷層，彼此間缺乏協作意識，你站在那兒觀望，我也站在那兒觀望，大家都認為這件事應由對方部門負責，結果工作沒人管，導致小問題被拖成大問題。協調不力是管理中最大的浪費之一，因為它使團隊無法形成凝聚力，使員工缺少團隊意識，導致工作效率低下。

4.有章不循

還有一種情況是，公司有相關的規定，但規定出臺後主管者不遵守規定，也不嚴格按規定辦事。當員工違反規定後，沒有任何懲罰措施，導致員工不把規定放在眼裏。比如，有一家公司的主管對大家說：「從今天開始，大家每個月只有兩次遲到的機會，請大家不要遲到。」可是大家根本不把主管的話當回事，習慣了遲到的員工繼續遲到，而主管者一點都不覺得這有什麼不妥，沒有採取任何懲罰措施，就連半句批評都沒有。這就是典型的有章不循，其根本

原因在於規章制度不嚴肅，隨口一說，而且並未說明：如果遲到了第三次，將受到何種處罰。

當一家企業崇尚人治，忽視用制度管人時，員工就會變得沒有執行力。這就是為什麼在很多企業中，當老闆在公司時，員工就有執行力。當老闆不在公司時，員工就沒有執行力。因為不用制度管人的公司，其員工往往會無視制度，而只看重老闆的言行。這就是人治造成的不良後果。一般來說，人治有這樣幾個弊端：

第一，人治帶有明顯的隨意性，缺乏科學性，難以服眾。

第二，人治帶有專制性，缺乏民主性，容易造成決策失誤，人際關係緊張。

第三，人治經常過不了人情關，很容易使員工產生不公平感，企業無法產生凝聚力。

作為一個企業的主管者，最重要的就是建立完善合理的制度，用制度與紀律管理企業，並使制度與紀律成為員工的行動準則。事實也證明，用制度管人管事比用人奏效得多。如果你想讓企業完成從人治到「法治」的轉變，你首先要制定完善合理的制度，其次還要讓制度產生威懾力，讓大家嚴格執行制度。只有這樣，你的公司才會在硬性制度的規範下，穩定有序、高效率地運營。

一家工廠的工人盜竊了廠裏的產品，雖然盜竊的產品數量不大，但性質惡劣，屬於盜竊。由於這個工人是廠裏的老員工，平時找他幫忙的同事很多，大家與他關係都不錯。於是乎，當老闆準備依據公司的制度懲罰這位老員工時，很多員工都來為老員工求情，有人說：「原諒他吧，只要他知錯就好了。」有人說：「少數服從多數嘛！」

廠長理直氣壯地說：「廠裏的規章制度通過了，既然有了制度，就要按制度辦事，絕不能徇私情。」結果，那名老員工受到了制度的嚴懲，雖然當時廠長有點被孤立的感覺，但是時間一長，大家都理解他的做法，而此後廠裏的盜竊案也少了很多。

在這件事中，如果廠長不顧廠裏制度，順從了大多數人的意見，不處理或從輕處罰那名偷竊的員工，不僅廠裏的偷盜之風得不到遏制，廠規廠紀也會變成一紙空文。屆時，廠裏一片混亂，廠長的威信掃地，那才是真正的孤立。由此可見，制度之後，就要嚴格執行，絕不能找藉口，公然違背制度的規定。只有按制度辦事，才能維護制度的威信，才能遏制不正之風，維護企業的利益。

11 制度「坐鎮」，企業穩如磐石

俗話說：「鐵打的營盤，流水的兵。」把這句話用在企業管理上，再合適不過了。儘管企業員工不斷流動，但只要有牢靠的制度，那麼無論員工怎麼流動，企業依然能夠穩定地發展。反之，如果企業不實行制度化，那麼員工就會像一盤散沙，握不緊也抓不牢，無法產生強大的戰鬥力。

日本東芝公司的電子產品之所以「容光煥發」，備受世界人民的歡迎，很重要的一個原因是東芝公司對工作間的衛生有苛刻的要求：女工嚴禁擦粉，男工必須每天刮乾淨鬍子，操作時，不允許說

話、咳嗽、打噴嚏，防止空氣振動，把塵埃揚起。

然而，在不少企業中，當員工不遵守制度時，管理者不嚴加處理，卻礙於情面而放縱員工。比如，一天，一位員工遲到了，這位員工與主管的關係很好，主管不忍心處罰他，就睜一隻眼閉一隻眼；沒過幾天，又有一個員工早退了，由於這個員工的業績突出，主管想：如果處罰他，很可能打消他的工作積極性。於是，他「寬容」了這個員工。這兩件事情多數人都知道，結果很多員工都不遵守上下班時間。

其實，制度之所以無法約束員工，很大程度上取決於管理者對員工違反制度後的處理態度，如果管理者不予重視，不加處理，就意味著默許員工的違紀行為。如果管理者毫不猶豫地按照制度處罰員工，那麼制度的嚴肅性就得到了維護，主管者的威信也得到了維護。然而，人性化的變通實乃企業管理的長久之計，如果制度真的不合理，那麼就要對制度進行重新審查，做出適當地修改。

宋先生是某私營企業的老闆，經營著一家中型皮鞋公司。一直以來，公司都有非常嚴格的考勤制度——上下班都要打卡，對遲到或早退的員工，公司有嚴格的處罰措施。然而，最近人力資源部的主管向他反映：公司中員工之間相互代為打卡的現象比較普遍，明明看到員工在上班後幾分鐘到公司，可檢查考勤時卻發現遲到員工的考勤卡已經打過了。

人力資源主管表示，雖然知道員工在考勤卡上做了手腳，但是苦於沒有證據，也無可奈何。於是，宋先生要求人力資源主管每天早一點來到公司，站在打卡機旁邊監督員工打卡，希望杜絕代打卡現象。很快，人力資源主管發現，在她檢查期間，

總有員工主動和她搭訕，甚至有人想把她的注意力引開。人力資源主管也是人，不好得罪員工，因此，這一招也難以奏效。最後，宋先生購買了一部指紋打卡機，希望從源頭上剎住代打卡的歪風。

果然，自從推行了指紋打卡的考勤方式，代打卡的現象得到了很好的扼制。然而，還沒等宋先生高興幾天，另一個問題又出現了——員工因為遲到的問題經常抱怨不斷，以至於影響了工作情緒。

這是怎麼回事呢？自從推行指紋打卡制度以後，每天遲到的員工比以往「增加」了不少，很多員工遲到的時間僅為一兩分鐘，有些員工為了避免這一兩分鐘的遲到，不惜花錢打車到公司。由於按公司規定，只要上班之前沒請假，就判定為遲到。因此，員工經常因為晚了幾分鐘，而被罰款，員工的不滿情緒可想而知。因此，他們會在工作期間大聲地抱怨，還有不少員工附和。接下來，該員工可能一整天都消極怠工，他的不良情緒還會傳染給其他員工。

表面上看起來，宋先生公司的考勤制度得到了嚴格貫徹執行，但是卻給員工造成了極大的心理壓力，影響了員工的工作積極性。這樣的結果是宋先生始料未及的，作為公司的老闆，他深知員工士氣低落會影響公司的生產效率，可是該怎麼辦呢？

或許有人建議：遲到 1 分鐘可以不算遲到。如果真是這樣，當員工遲到兩分鐘時，該不該算遲到呢？這樣的問題在管理中是一個很有代表性的問題，它反映了管理的制度化和人性化之

間平衡的重要性，把握好二者之間的平衡，才能使管理效果達到最佳。

針對這個案例中的問題，其實宋先生可以每個月給員工 3 次遲到的機會，並且規定遲到最多不得超過 10 分鐘。這種規定，就是對意外遲到的一種寬容，是管理人性化的表現。如果遲到次數超過 3 次，哪怕第 4 次遲到 1 分鐘，也要堅決按制度予以處罰。這樣才能維護公司制度的權威性。但是人性化也要掌握好限度，否則也會讓制度失去權威性。

《孫子兵法》中指出，軍隊要有明確的法律條文，要用嚴格的紀律訓練整頓軍隊；對士兵不能過於寬鬆，過於愛戀，否則，很容易導致士兵不嚴格執行命令，從而導致部隊陷入混亂，沒辦法約束。在現代企業競爭中，企業之間的殘酷廝殺不亞於戰場上的弱肉強食，因此，企業一定要用鐵的紀律約束每一位員工。

心得欄 _____

_____

_____

_____

_____

_____

12 企業必須有適合自己的管理制度

　　國不可一日無法，家不可一日無規，企業不可一日無制度。制度是任何組織得以維持和有序運轉的必要條件。沒有制度，就沒有正常的工作和生活秩序。

　　「天下紛擾，必合於律呂。」制度決定一個組織的興衰與成敗，也決定一個組織發展的高度與跨度。如果說管理是樹木，那麼制度就是滋養萬物的土壤。只有肥沃的土壤，才會培育出茂盛的植物；只有健全的制度，才能有規範有效的管理。

　　俗話說：「沒有規矩不成方圓。」如果一個企業沒有制度，在某一段時間也許能混下去，甚至在某一階段、某一件事情上還會顯得很有效率，但是從長遠和整體上來看顯然是不行的。因為一個沒有制度、沒有紀律的團隊事實上等於一個沒有績效、沒有生產力的隊伍。所以一個企業管理者懂得如何營造建立一個好的制度管理模式是非常重要的。

　　如何建立一個良好的管理模式？

　　第一，我們應該制定一個非常具體的可操作可執行的企業管理制度。

　　所謂的企業管理制度其實指的就是遊戲規則。我們要讓每一個員工都能夠非常清楚地知道所制定的制度是什麼、哪些是好的、哪些是不好的、哪些是被允許的、哪些是不被允許的。在制定這些制

度之後你要清楚地告訴他們為什麼制定出來這些制度。這些制度為什麼要被遵守？他跟團隊協作有什麼關係？他跟組織管理有什麼關係？他跟業績的達成有什麼關係？要把這些原因一五一十地告訴員工，讓員工明白。因為當員工明白為什麼制定這些遊戲規則和制度的時候，他們才知道為什麼或者是如何去遵守這些制度和規則。

第二，我們要制定嚴格的標準。

任何一個頂尖的團隊都有一套非常嚴格的標準。標準應該是合理的高標準，如果你想擁有一個一流的團隊，你就必須制定嚴格的、一流的標準，這點是非常容易理解的。有一句話講得非常好，「嚴師出高徒」，在你帶領團隊和培訓的過程當中，如果你對他們的要求非常鬆散，同時假設你對他們的行為標準也制定得非常模糊，那麼每一個團隊的成員就沒有依循的準則，這樣子就不會激發他們好的一面，反而會激發他們的惰性，我想這樣子對一個團隊來講是有很大的殺傷力的。

第三，我們要制定一個處置方式。

什麼叫做處置方式？如果你的制度一旦制定出來了，而你的團隊成員違反了這個制度，請問你要如何處置？有一句話講得非常好，「國有國法，家有家規」，你所制定的制度實際上就是一種規則，就好像法律一樣，當他今天觸犯了這個規定以後，請問你應該如何懲罰他？你應該如何處置他？我想這些制度都應該是非常明確的。

第四，當你一旦制定制度以後，你就必須要嚴格執行。

如果不嚴格執行，就會給人一種印象，你說的話是無所謂的。

第五，制度制定以後需要不斷檢查，不斷監督。

就像劉邦的長樂宮朝會一樣，在朝拜過程中，禦史前去執行法令，凡不按儀式規定做的就要被帶走治罪。

人管人總是有漏洞，因為人都是有弱點、有感情的，制度卻能起到人所不能起到的作用。各位優秀的企業經理，願制度能助你減少管理漏洞，真正成為你企業經營騰飛的翅膀；願制度能使你在成功的道路上步伐更穩健，信心更充足。

13 制定制度後，就能競爭常勝嗎

沃爾瑪是一家崛起於美國的世界性連鎖企業，其控股人為沃爾頓家族，總部位於美國阿肯色州的本頓維爾。沃爾瑪主要涉足零售業，是世界上雇員最多的企業，連續三年在美國《財富》雜誌全球 500 強中居首，2012 年在世界 500 強中排名第 3 位，營業額高達 4469.5 億美元。沃爾瑪在全球 27 個國家開設了超過 1 萬家商場，下設 69 個品牌，全球員工總數 220 多萬人，每週光臨沃爾瑪的顧客 2 億人次。然而，就是這樣的一個零售業「巨無霸」，其剛成立時不過是美國一個偏僻小鎮上的零售店。沃爾瑪創立於 20 世紀 60 年代初期，在此後的經營中，沃爾瑪不斷摸索與創新經營管理模式，一步步發展成為世界 500 強中的佼佼者。

在管理模式中，沃爾瑪注重企業制度與自身發展相適應。

它主要採取了這樣的經營模式：

店面設計標準化。所有新開業的零售店的店址選擇都按統一標準，店鋪面積大小、店鋪裝飾、商場貨架尺寸、商品擺放位置、商品標牌放置等都由公司統一規定。為了顧客挑選商品時觀看價格標牌的方便，公司一律要求所有商品的價格標牌都掛在貨架上。

組織結構扁平化。公司根據業務單元分為四個事業部，事業部下設區域總裁、區域經理和店鋪經理。沃爾瑪按業務分為折扣店事業部、購物廣場事業部、山姆會員店事業部和家後商店事業部。事業部總裁管理所有區域總裁，每一個區域總裁管理 12 個區域經理，一個區域經理管理所在區域的店鋪經理，管理責任按層次分解，但從下到上的回饋資訊是沒有級別和層次的。沃爾瑪老總的辦公室從來不關門，鼓勵和宣導公司員工與公司老闆對話。

管理程式規範化。沃爾瑪在管理上要求三個標準：一是日落原則，即今天的工作必須於今日日落之前完成，對客戶的服務要求在當天予以滿足，絕不延遲；二是比滿意更滿意的服務原則，給予客戶更好的服務，這種服務超過客戶原來的期望；三是「10 英尺原則」，要求員工無論何時，只要顧客出現在你 10 英尺（約 3 米）距離範圍內，員工必須看這個客戶的眼睛，主動打招呼，並詢問是否需要幫助。

沃爾瑪卓越的管理制度，推動了公司的快速發展。1962 年，沃爾瑪第一家平價商店成立；1972 年，沃爾瑪股票在紐約上市；1979 年，沃爾瑪總銷售額突破 10 億美元；1999 年，沃爾

瑪股票市值在 1972 年發行市值的基礎上漲了 4900 倍。

　　做大做強，幾乎是每一個企業的期望。然而有這個夢想的企業多，真正實現的卻不是很多。其中一個重要原因是，企業是否長期正確地堅持了制度化管理。在企業的發展中，只有真正地依靠制度，才能最大限度地調動員工的積極性，讓員工投身于企業的建設，可以說，制度是企業的基石。沃爾瑪公司原本起家於美國的一個偏僻小鎮，當時美國國內比沃爾瑪規模大的零售商場多得難以計數，然而，最後做大做強，做成「航母」型零售企業的，卻只有沃爾瑪，這與沃爾瑪高度重視制度化管理是分不開的。

　　沃爾瑪在「店面設計」「組織結構」與「管理程式」方面，為企業量身打造了完美的制度，確保了企業的良好運行，使得企業在核心領域的各個方面都能夠做到有章可循，最大限度釋放出了制度的能量。沃爾瑪是一個家族企業，卻難能可貴地做到了制度化管理，其成功之道，確實值得企業借鑒。

　　在一個企業中，管理者的聰明才智是重要的，但在構成企業運營的動力源上，還是要堅持制度為「王」，企業的管理還是要制度說了算。只有這樣，一個企業，一項事業，才不會是一個人的企業、一個家庭的企業，而是一群志同道合者的企業和事業，在這種情況下，企業將爆發出強大的生命力，推動企業的快速，甚至超常規發展。

　　建立和鞏固制度，是企業持續發展的根本保證。當企業發展到一定規模後，加強制度建設是降低運營成本的最佳手段；當企業擁有了一定的知名度後，重視和推進制度化管理，是提升企業品牌價

值的最好途徑。可以說，企業要想做常勝將軍，必須重視制度化建設，這直接關係到企業的成敗興衰。

運用制度規範企業，才能客觀地衡量事物發展的進程。制度體現的是要求，標準體現的是細節。如果員工的行為有了制度和標準的規範，那麼目標化管理就會變得輕鬆，變得富有成效。

企業制定制度要合理合法、獎罰分明，遵循對事不對人、一律平等的原則。那麼哪些制度才是好的制度呢？

企業發展的階段不同，任務也不同，這就需要相應的規章制度來輔佐。好的制度要從實際出發，激發出員工最大的潛能。當然，這些制度包括懲罰制度，既要有約束性又要有激勵性。因為人向來不喜歡被別人管著，你要讓他覺得你是在幫他，而不是在約束他，從而讓他為企業現階段的目標服務。

好的制度就要充分利用企業的資源，不讓企業做無謂的消耗，讓企業的各種資源形成強大而有效的合力，促進企業發展。比如對於人才資源，制度應該充分發揮出人才的自主性與能動性，使人盡其才。

企業實行制度化建設和標準化流程，可以為全體員工創造力爭上游的氣氛和環境：每個部門主管都努力打造一流的團隊，爭取做得比其他團隊更好。這樣整個企業的業績就會突飛猛進，企業就會不斷開創新局面。

制定制度之後，企業就能成為市場競爭中的常勝將軍嗎？當然不是。制度制定之後，關鍵在於執行，怎樣執行才是直接決定企業命運的關鍵。如果管理者不希望企業只是偶爾小勝，就要確立制度管理企業的理念，帶頭做好制度的執行工作，把企業帶入穩定的良

性發展軌道。具體怎麼做呢？下面幾點建議值得參考。

　　作為一個管理者，特別是高層管理者，一定要善於將制度當作遊戲規則引入到管理中去，要讓團隊中的每一個成員都認同制度，對工作產生興趣，對事業充滿熱情。只有這樣，才能激發出員工的進取精神和創新能力，才能讓員工以積極的心態去迎接挑戰。

　　很多公司有不錯的制度，但執行效果卻不甚理想。究其原因，管理者難辭其咎。因為在他們眼裏，制度只是針對員工的，管理者可以跨越制度、踐踏制度。殊不知，這樣做會大大減弱員工按制度辦事的積極性和遵守制度的熱情。因為制度只規範員工，而對管理者無效，體現的是兩個標準，是對員工的不尊重，是不公平的表現，也就很難得到員工的支持。

　　管理者如果真想讓制度帶領企業進入良好的發展軌道，最有效的做法是帶頭執行公司制度。同時，對員工進行思想教育和培訓，讓大家把遵守制度變成一種自覺的行為，把執行制度變成一種習慣。

心得欄

14 偶勝靠計策，長勝靠制度

　　建立和鞏固制度，是企業持續發展的根本保證。當企業發展到一定規模後，加強制度建設是降低運營成本的最佳手段。可以說，企業要想做常勝將軍，必須重視制度化建設，這直接關係到企業的成敗興衰。

　　運用制度規範企業，才能客觀地衡量事物發展的進程。制度體現的是要求，標準體現的是細節。如果員工的行為有了制度和標準的規範，那麼目標化管理就會變得輕鬆，變得富有成效。

　　企業實行制度化建設和標準化流程，可以為全體員工創造力爭上游的氣氛和環境：每個部門主管都努力打造一流的團隊，爭取做得比其他團隊更好。這樣整個企業的業績就會突飛猛進，企業就會不斷開創新局面。

　　作為一個管理者，特別是高層管理者，一定要善於將制度當作遊戲規則引入到管理中去，要讓團隊中的每一個成員都認同制度，對工作產生興趣，對事業充滿熱情。只有這樣，才能激發出員工的進取精神和創新能力，才能讓員工以積極的心態去迎接挑戰。

第 二 章

管理制度失誤的診治

1 企業經營所需的行政事務

推行改善行政管理之前，我們必須先瞭解行政管理產生的原因。毫無疑問的，行政管理產生的起因在於其本身的必要性。不瞭解這一點，就談不上行政管理的改善。

第二次世界大戰結束後，秋田從戰地回到日本的家鄉，由於他天生手巧又愛好棒球，曾為附近一個業餘棒球隊製造了幾根球棒。因為秋田做的球棒很好揮打，該隊每次比賽都用秋田做的球棒。這件事後來傳到其他球隊那裏，大家也紛紛向他訂做。

「你不想試試做這一行來賺生活費嗎？」大家不斷這樣勸說，秋田本人也動心了。

這時，在某公司當推銷員的山田聽到這個消息後很積極。

「我來幫忙，無論如何，一起做吧！」山田說。

對製造技術雖有信心，卻不善對外交際的秋田，因有了合得來的朋友支持，終於下決心去做了。

二人拿出自己的存款，也遊說親戚們出資，在郊外租了一間空倉庫。他們籌措到兩台木工旋盤和最低限度必備的其他器具，裝修好工廠的門面。

秋田負責制造，山田負責銷售。

最初他們估計的生產量很少，加上資金少，於是二人決定只按訂貨數量生產。開始十分順利。戰後一片廢墟，缺乏材料，娛樂種類極少。這種情況對他們二人來說簡直是財神爺降臨。

他們僱用一個可靠的鄰居叫小君的姑娘，委託她看門、聽電話、記賬、送飯、送茶、打掃等辦公室的工作。

在工廠裏，秋田與新招來的工人一起趕制球棒。

山田則從清早到深夜為徵求訂貨、交貨、收款、維修，包括對抱怨者陪不是等等而奔波，幾乎整天都不在工廠裏。

然而，現實是很嚴酷的。每天生產量不斷上升，應當是賺了才對，但他們卻日益感到資金不足。經常在支付材料費和薪資後，就沒有剩餘的錢了。

他們起初以為，剛開始創業這種情形也許是必然的，並沒有太在意。然而，為借款而奔波的月份一直持續，使人不得不想查查原因。

於是二人拿出各自的筆記本，和小君一起查對賬目和發票。結果竟令他們愕然。

賬目全部不清不楚！向何處銷售幾隻球棒？是未收賬款還是贈予的？是否談妥按時交款？含糊不清的地方到處可見。

不僅如此，球棒的原料、木材，以及修理工具、機械的費用支出等，有些都已經記不起來了。何時訂？誰訂的？也不清楚。

二人驚訝不已。無意中的疏忽和好像無所謂的失誤，導致重大的虧損。僅憑人的記憶很難記得住這種賬，即使煞費苦心計算出來也不可靠。交易時如果不明確談好條件，結果只是讓自己蒙受損失。

這一發現，讓二人洩了氣，但也得到了有益的教訓。

過去他們為了把事業推上軌道而忙得不可開支，卻都沒有注意到要做記錄和記賬。他們痛感事業單靠盲目拼命是不行的，有關的收支款項如果不準確記錄、及時整理，日後就會弄不清楚。

二人雖然一度洩了氣，但很快就重振精神，制訂下列的規矩：

- 從今以後，所有銷售、進貨額和其他費用等都要全部記入單據，每天交給小君。
- 小君要將這些單據登入日計表。
- 三人每週開會一次，討論合計結果。
- 支付款項由小君統一管理。
- 每月必須召開決算會議。

在企業規模非常小的時候，可以說幾乎沒有什麼行政工作。即使現在已是大公司了，在創業當時規模也小，當然量也

很少。

看一看我們週圍，由一人或二人經營的商店，幾乎沒有什麼像樣的行政事務。

本來行政事務對於經營是不必要的。必要的「正規工作」是：

- 購買　· 製造　· 銷售
- 開闢新客源　· 創造新商品
- 預測經營前景　· 掌握工作好壞

……

行政事務只是由於經營規模擴大才不得已產生的。而且最初的行政事務僅僅是銷售額多少，經費、薪資多少，進貨如何，賺多少，賠多少等等與決算有關的事務。這些為判斷經營成果所需最低限度的事務，不管公司規模大小都是必要的。這些事務稱為「基本行政事務」。

經過這次週折，「秋山球棒」因全體努力，密切配合，而不斷擴大，衝破不時發生的危機，逐漸成長了起來。

數年後，他們又大膽地演過一場生產能力一舉增加三倍的驚險動作。然而，由於創業當時的教訓記憶猶新，他們已經知道感覺和實際之間會有很大的差距，常會產生意想不到的糾紛和意外的開支。因此他們做得很慎重。

秋田和山田審慎地決定資金的規模，完成萬無一失的籌備，有計劃地擴大工廠和銷路，最後得到了成功。

經過幾次大膽的飛躍，他們終於成長為超過千人的公司。

隨著事業的發展，銷售地區逐漸擴展到外地，還開設了幾

處營業所。來往的銀行增多了，金額也增加了。最後股份上市，從社會上集資。由於工廠設備增加，又購進廢墟地，修建正規工廠。即使如此，工廠很快又不敷使用，結果又增購土地，擴建廠房，並在關西地區修建了新工廠。

面對人員增加，活動空間擴大之後，二人逐漸遇到了從前小康時期幾乎不會遇到過的新問題。

到目前為止，他們還很少為公司內的事情頭痛過，然而，最近的大問題全是公司內的問題，全是亟待解決的糾紛。對於他們二人來講這些都是新問題，他們已經不能察覺到工作上每一個角落發生的問題。

創業當時，秋田自己動手操作旋盤製作球棒，親手教大家製作，他還專心研製更好的球棒。一根球棒的重量、平衡、形狀、彈性、上塗料的技術等，全靠自己研究。

但隨著公司的擴大，這些工作必須要交給別人去做，甚至連每日巡視工廠內的工作，秋田也辦不到了。他終日為擴大設備、收購土地、建設新工廠、設備的安裝、試製、試運轉、新員工的招聘等等而忙碌。

開始出現的問題是：

· 有的員工將產品偷偷拿走。

· 有的員工連續產出不良品。

· 員工的士氣低落。

· 有的人發出各種抱怨。

· 明知是在浪費，誰也不想改善。

· 有更好的工作方法，沒有人去教，自己也不去想辦法。

- 即使機器狀況已不好，也滿不在乎，照樣開動，致使機器損傷。
- 本來還能使用的機器，卻不得不更換下來。
- 材料供應短缺，員工突然缺勤，常常怠工。
- 沒有庫存產品，使顧客流失。
- 與銷售點的聯繫不好，庫存積壓，產生資金週轉困難。
- 資金週轉困難，但集資又不順利，幾乎到開空頭支票的地步。
- 銷售員把貨款裝進自己的口袋裏了。
- 在營業上，人員增加了，銷售額卻不見上升。
- 職員經常出差，出差費照領，但不知道去做什麼。

公司越來越擴大，新員工不斷增加。瞭解當年艱苦創業的只剩下極少數幾個老員工了。過去那種「讓我們和公司一起奮鬥吧」的氣氛已經消失了。現在充斥公司的風氣是「在規定的時間做規定的工作，然後領薪資，這是天經地義的。」員工與公司相互間的關係也疏遠了。

這樣的事在公司初創時是絕不可能發生的。雖然後來他們會有些擔心，但一直沒有冷靜認真地思考這個問題。然而，現在顯然已經到了必須設法解決的時候了。於是，有一天他們決定與其他主要人員一起好好研究這個問題。

大家商量的結果集中到一點，就是「一定要制定好內部管理制度」。

秋田和山田仔細聽取大家的意見之後，決定採取一系列措施。以下列舉其中幾點：

- 產品入庫時必須填寫完成產品傳票，交給倉庫一張，在完成產品授受簿上蓋領取章。工廠和倉庫每日各自在總賬上登記總計和累計，月底查對。
- 檢查員要記載員工個人的作業失誤，再由人事室將它記入總賬本中。
- 訂貨交到生產工廠時，一定要填寫傳票。
- 要計算每批貨的製造成本。

同時，為了避免工作上的糾紛，他們又制定了許多管理制度。現在章程變得重要起來了。如有員工休息，必須有其他人來接替。制度決定的事都要嚴格遵守，不能隨便改變。

這樣的規定能否行得通，秋田和山田有些擔心。但為了解決當前的問題，這是必須的，所以最後還是決定付諸實施。

一旦公司的規模超過一定的程度，那麼，一切僅由一兩個人指揮、確認所有工作的結果、出了問題親自解決等工作方式會變得困難重重。這時就有必要將工作分類成營業、生產、技術、財務、行銷、人事、採購等部門，並委任各部門負責人去管理。另外，交易次數、生產配置、採購數量等不斷增加，也必須規定嚴密的章程、檢查的方法，制定保證工作準確、迅速進行的「結構」。建立的這種「結構」，叫做「制度化」或「系統化」。

隨著公司規模的擴大，加強內部管理、杜絕信息出錯、防止士氣低落會一個接一個地產生。隨著這種制度而產生事務，也會陸續增加。

這樣的事務叫「管理事務」，與上游「基本事務」並列構成公司裏的行政事務。

以上所述，是一個小公司的發展情況。從中我們可瞭解到，各種行政事務是隨著經營規模的發展而產生的。

2 公司管理制度病的診治

管理制度追求的是以合理的方式，以高效率來實現公司的戰略目標。我們可以用人的神經系統來比喻公司管理制度。公司經營活動就像是一個人的日常活動，資訊部門將各種資訊傳達到經營管理中樞，再由中樞下達各種活動指令。如果人的神經系統「短路」，即使「腦」部很正常，但神經系統的功能失調，人就無法正常活動了。同理，管理制度發生問題，無論是制度本身的缺陷、還是制度執行上的障礙，都會造成企業不能良好運轉。將針對幾個常見的管理制度失調的情況，介紹如下：

一、管理制度失調的病例

1. 經營方針缺陷症

業績不良的公司最常見的病症之一就是在經營方針上存在嚴重缺陷。有許多公司表面上擬訂了很理想的經營計畫、經營方針，但業績卻總是不佳。這通常是由以下原因造成的：經營方針、經營計畫的內容不切實際或者沒有讓員工、甚至主要幹部透徹理解。

有這樣一個事例：

日本一家大企業的社長鈴木先生是第二任社長。他的父親——前任社長，是一位在社交方面很活躍的人物。父親很瞭解長子鈴木的性格和個性。他原本打算讓二兒子繼承他的事業，不幸的是二兒子英年早逝。不得已，他只好讓長子鈴木來繼承他的經營事業。鈴木喜愛美術，常常拜訪各地神社廟，和僧侶討論繪畫、書法或神像。在鈴木成為他的繼承人前，父親提前安排了本山先生進入企業，希望他們能很好地合作，以便能更好地發展業務。

在前社長的協調下，文質彬彬的鈴木先生與剛烈的本山先生一柔一剛，使得公司內外的判斷與運營平衡發展得很好。當鈴木為某事猶豫不決、遲遲無法作出決定時，本山就果斷地替他決定；當本山的作風過於衝動時，鈴木就主張必須慎重。

鈴木在他父親謝世後接任社長之位，他與本山的關係開始遇到麻煩。每年鈴木會在深思熟慮之後，將經營計畫方案在董事會議上提出來供大家磋商。結果，幾乎每一次都受到本山的反駁。雖然鈴木一再反復說明，想盡辦法讓本山瞭解自己的想法，但本山卻始終固執己見。即使董事會決議後通過了這些提案，到了計畫實施階段，本山仍向屬下表示「我不同意這個方案」，結果本山的直屬部門受其影響而不肯認真執行計畫，造成與其他部門的行動不協調。而鈴木作為社長又無力阻止本山的行為，這使得企業業績一年比一年差。

如果一開始鈴木不是總要由前社長來協調，而是自己和本山深入交換意見，今天的局面可能就不會出現了。

2.報告傳閱症

報告，尤其是要求批復的決策性報告，應由接收者判斷並批註決定所採用的對策。否則，報告書就成為一種傳閱文件了，而對於公司經營的報告書，絕不能像傳閱文件那樣「走一遍」，不能因為一些部門蓋了章，本部門也隨隨便便蓋章了事。

報告書最重要的是要正確地記錄事實，並附加有關方面的意見。

有一家汽車配件零售公司，在行業整體一片蕭條的情況下，卻能夠一枝獨秀，成績扶搖直上。雖然作為零售公司，自己沒有工廠，但開發商品正是該公司的強項。他們將自己開發的商品委託給相關企業製造，向市場推出暢銷商品。

這一次，公司又要開發一個新專案——改善汽油燃用效率的零件，總經理預計在五年後該商品能夠達到公司銷售額的25％，成為公司的主力商品之一。在公司會議上，他用了幾乎一天的時間，向員工說明他的經營計畫，然後，公司的所有推銷員都拿著這個新開發的商品一起向全國各地展開推銷。一個月以後，公司收到北部地方推銷員寄來的「零售日報表」。總經理見到報表後大吃一驚，本以為可以成為公司拳頭商品的產品竟然被消費者指責為有嚴重問題，這些指責均記載在零售日報表上。總經理問經理「這是怎麼回事？」之後經理又跑去科長那裏，指責報表上的記載，問道：「科長，你蓋了章之後，我也就跟著蓋了章，但是怎麼會出現這樣的事情呢？」

這個案例不僅反映出「報告傳閱」的問題，還反映出原本應緊急處理的諸如日報表的事情，卻被積壓下來，經過漫長的層層傳遞

才到達高層。那麼,如何改善這種報告制度呢?可以採用下面的方法:對於一些重要、緊急的報告,使用「紅紙」報告書,可以不經中間管理層的層層審閱而直接呈報高層或直接相關部門。由此,在定型的「正規報告」基礎上衍生出「重要報告」,可以分別對待,從而提高工作效率。

3.制度形式化症

雖然有時候過去的做法可能會更合理,但企業管理制度一方面應當在經營環境、目標有所變化時,依據實際需要對制度加以修正。另一方面,必須查證管理制度是否確實在運行。人們總會對按照制度工作感到疲勞和厭煩。因此,在制定的規範中應該包含一種內部稽查的功能,以免大多數人在不知不覺中漠視了制度而為所欲為。如果在違反了制度後沒有出什麼紕漏,也沒有受到嚴格的稽查,那麼以後就很可能會一而再,再而三地馬虎起來,最後習慣成自然。有這樣一個事例:

某電纜廠的廠長接到警察局的電話:「貴廠最近是不是有產品被偷?」

廠長說自己的工廠已確立了「內部稽查制度」,並嚴格注意「產品保管管理」。所以不可能會失竊,另外,他們也沒有收到任何有關失竊的報告。

但員警卻堅持說他們所扣押的人說他手上的電線是從該廠偷來的,人贓俱在。總之,員警請廠長派人過去一趟。

廠長到了警察局一看,發現這些電線正是工廠的產品,而竊賊原來就是廠子裏的銷貨員。

該廠的提貨程式如下:

銷貨員開出售貨傳票以及出貨請求單;

出貨請求單必須得到銷售負責人蓋章確認;

倉庫管理員見到蓋有銷售許可章的出貨請求單後,親自將產品交給銷貨員。

交貨給銷售員時,倉庫管理員開具「產品出貨傳票」(共四聯)。其中二聯給銷售員作為「交貨單」和「領貨收據」,另外二聯是轉交材料部門的「出貨單」和倉庫管理部門留存的「出貨單副本」。

銷貨員將產品交給買方,買方在「領貨收據」上簽章,銷售員收回後轉交會計部門。

如果嚴格按照這個程式,就不應該發生違法行為。但事實上,銷貨員與倉庫管理員往往交情很好,因此倉庫管理員極有可能並未嚴格照章辦事。

在銷貨員去倉庫提貨時,如果倉庫管理員正巧很忙,銷貨員就常說:「看你這麼忙,我也很著急。我把出貨的單放在這兒,東西我先拿走!」這樣幾次之後,也沒有出現什麼差錯,倉庫管理員就鬆懈下來。等到以後再遇到工作忙的時候,倉庫管理員就會主動開口:「我現在忙得很,你自己去拿吧。」於是,紕漏出現了,這就是不良習慣造成公司制度的形式化。

二、管理制度失調的治療

在管理制度不妥當的企業中,如果最高層擬訂的正確的經營方針、經營計畫無法傳達到各部門,各部門也就無法進行有效回饋,

最高層就無法掌握企業的運營狀況。

　　為避免管理制度失調，就要全盤檢查企業的管理制度，使各部門的工作程式、規則更合理化、標準化。以下幾點需要特別注意。

1.證實經營方針與計畫是否正確

　　最高層的方針、基本計畫要在徵詢各方面意見、建議的基礎上提出。在高層的方針、基本計畫確定下來以後，各部門必須按此方針、計畫來構思自己的實施計畫。這時候，各管理層一定要進行上下級之間及同級之間的充分交流。這一階段的開展應在新事業正式展開的三個月前進行。

2.從最高層的經營方針中分解出與本部門業務相關的事項

　　各部門主管在理解了高層的經營方針、計畫的基礎上，要從計畫中找出與本部門職責相關的事務。例如，如果經營方針中有一條是「發掘公司的最大能力」，人力資源部門就會相應地制定「教育訓練」的計畫，並將這一計畫擴展為一些更具體的項目。

3.將各項目具體化，並將這些專案按重要性劃定等級

　　如上述人力資源部門可能會把公司外派學習與公司內部培訓結合起來。在確定了這些實施專案都是從高層方針計畫出發編定的，各專案都較重要之後，再分別編出如「非常重要──很重要──重要──一般」等級來。這樣，萬一業務過於繁忙而無法兼顧每一個專案時，部門仍能辦好最高管理層所指示的最重要的業務。

4.目標必須明確，盡可能數量化

　　在明瞭需要實施的各個業務專案後，應該盡可能地將專案的預

期成果（目標）數量化。比如前面的教育培訓項目中，可以分列以下項目：

　　培訓對象的人數；

　　舉辦研討會的次數，每次參加的人數；

　　總共安排的課程數；

　　準備的教材數量；

　　實施培訓的時間和地點；

　　培訓設施及其數量；

　　培訓的經費；

　　寫學習報告應使用的紙張類型和數量；

　　學習彙報、成果展示要用的時間；

　　培訓的合格率及成績排名。

　5.實施期限必須明確，為此要製作業務預定表

　要確知各事項應在「什麼時間」實施。關於「什麼時間」實施，可以參考以下基準：

　　需要該業務時；

　　業務繁忙時；

　　業務空閒時；

　　人員充足時；

　　人員不足時；

　　需要緊急辦理時；

　　與季節有關；

　　對方有要求時；

　　只有這一次機會；

按照以往的慣例。

公司最好能在業務年度初制定「各部門季度業務預定表」，並在其中區分出「常規業務」與「重點業務」。另外，在即將進入各季之前必須對這個「預定」的計畫重新檢查，根據新出現的情況進行斟酌增刪，以達到最優化。

6.業務預定表應得到高層管理層的認可

業務預定表應先呈送經營管理層，由他們來審查、判斷此預定表的戰略重點業務及其可行性。經高層管理層認定後，再將預定表交給各部門主管去實施。

7.明確各專案實施的負責人

在把「常規業務」與「重點業務」進行明確區分後，就必須按其要求來實行，明確在某一專案中的負責關係。

8.核查專案實施情況

通常可以通過下面兩個途徑來核查專案實施情況：

一是由專門的組織機構如「經理室」、「企劃工作室」、「總務部」等主管部門進行核查，一般情況下，各種提案或多或少地是由他們來草擬的。通過核查，他們還可以瞭解「此方案是否符合實際情況」，「此方案能否順利實施」，「為貫徹實行該方案需要做其他哪些改善」等。

二是由部門主管或主管委派的人員施行核查，這樣能夠使考核工作深入到工作的最底層。

9.評估實施結果

按季度、按年度或按生產週期對實施結果進行評估。這種評估，有助於下一季度、下一生產週期的方針與計畫的制訂和執行。

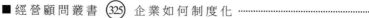

有關結果應及時回饋到實施部門,以便各部門總結經驗教訓,進一步完善工作。

3 管理制度失調的治療

　　管理制度不當的企業中,即使最高階層擬定了正確的經營方針、經營計畫,這些計畫若無法傳達到各部門,各部門也無法進行有效反饋,最高層就無法瞭解、掌握企業的運營。

　　因此,要全盤檢查企業的管理制度,使各部門的工作程序、規則更合理化、標準化。為此,必須做到下面若干工作:

1.證實經營方針與計畫是否正確

　　最高層的方針、基本計畫的提出,要在徵詢各方面意見、建議的基礎上作出。在高層的方針、基本計畫明確下來以後,各部門必須按此方針、計畫來構思自己的實施計畫。因此,管理層一定要進行上下級之間及同級之間的充分交流。有專家建議,這一階段的開展應在新事業正式展開的三個月前進行。

2.按照最高層的經營方針確定與本部門業務相關的事項

　　各部門主管在理解了高層的經營方針、計畫的基礎上,要從計畫中找出與本部門業務相關的事務。

　　舉例說,假如「經營方針」中有一條是「發掘公司的最大能力」,

人力資源部門就會相應地制定「教育訓練」的計畫。並且，將這一計畫具體化為一些項目。

3.將各項目具體化，並將這些項目按重要性編定等級

如上述人力資源部門可能會從公司外講習會與公司內培訓兩個方面來制定計劃：

(1)公司外講習會

①公司外講習會所選擇的主題與機關。

②選擇參加講習會學習的學員。

③講習會學員的派遣。

④學員成果的顯示：

a.學員提交學習報告。

b.學員中再進行內部講習。

c.考查學習後學員在工作中的成績反映。

⑤對公司外的講習會進行評估與反省。

⑥策劃將來的講習會。

(2)公司內培訓

①擬定「重點教育」培訓計畫。

②編定、選擇教育培訓用的教材。

③甄選培訓員。

a.甄選公司外講師。

b.甄選公司內講師。

④選擇公司內參加培訓的受訓員。

⑤參加培訓者的成果展示。

a.受訓員提交學習報告。

b.在受訓員中舉行內部講習會。

c.考核學員受訓成果。

d.徵詢培訓員及受訓員的希望與要求及感受。

⑥公司內培訓的評估與反省。

在確定了這些實施項目都是從高層方針計畫出發編定的，各項目都較重要，但仍可以編出等級來。比如，依「非常重要」、「頗重要」、「重要」、「一般」等來劃分。如此一來，萬一遇到業務過於繁忙而無法兼顧每一個項目時，仍能辦好最高管理層所期待的業務。

4.目標必須明確化，為此要盡可能數量化

明白了要實施的業務項目後，要在盡可能的範圍內，將項目的預期成果（目標）數量化。

①培訓對象應選出多少人？

②應舉辦多少次研討會，每次多少人參加？

③總共安排多少時間的課程？

④準備多少教材？

⑤在什麼時間、什麼地點實施培訓？

⑥需要什麼樣的教學培訓設施，數量是多少？

⑦教育培訓的經費需要多少？

⑧寫學習報告應使用什麼紙張，要用多少紙？

⑨學習彙報，成果展示要用多少時間？

⑩培訓的合格率應為多少？多少分數以上的人應有幾名？等等。

5.實施期限必須明確，為此要製作業務預定表

在談論數量化時，我們指出要確知各事項應在「什麼時間」實施。關於「什麼時間」實施，可以參考以下基準：

①需要該業務時。

②業務繁忙時。

③業務空閒時。

④人員充足時。

⑤人員不足時。

⑥需要緊急辦理時。

⑦與季節有關。

⑧對方有要求時。

⑨只有這一次機會。

⑩按照以往的慣例。

企業最好能在業務年度初制定「各部門季別業務預定表」並區分出「常規業務」與「重點業務」。但這畢竟是個「預定」的計畫，因此必須在即將進入各季之前重新檢查，斟酌增刪，力求更優。

6.應得到高層管理層的認可

「季別業務預定表」應先呈送經營管理層。由他們來判斷，審查此預定表的戰略重點業務及其可行性。

經高層管理層認可後，再將預定表交給各部門主管去實施。

7.明確各項目實施的負責人

明確區分「常規業務」與「重點業務」後，就必須依其要求來推行，明確在某一項目中誰向誰負責。

8.確實地核查項目實施狀況

通常可以通過兩個途徑來進行核查：

①由專門的組織機構來進行核查，比如，由「經理室」、「企劃工作室」、「總務部」等單位來進行核查。因為一般地，各種提案或多或少地是由他們來草擬的。通過核查，他們還可以瞭解到「此方案是否符合實際情況？」、「此方案能否順利實行？」、「為貫徹實行該方案需要做其他那些改善？」等等，以便他們以後制定草案時可以做得更好。

②另一個途徑是由部門主管或主管委派的人員施行核查，以便使考核工作能夠深入到工作底層。

9.評估實施結果

這裏說的「評估」，是指按季、按期以及事業年度進行評估。這樣的評估，有助於下一季、下一期、下一年的方針與計畫的制定和執行。有關結果應反饋到實施部門，以便各部門總結經驗教訓，完善自己的工作。

心得欄 _____

_____

_____

_____

_____

_____

4 施行制度化時常見的障礙

1. 對觀念，方法，制度的認識不清。

很多員工以為推行制度，將會危及員工的利益，因而感到恐懼，進而產生抗拒。此外，儘管訂有實施步驟與標準作業方法，但由於員工對方法的認識不清，於是造成實行上的失誤。是故，在實施之前，應加強宣導或教育訓練，以免將制度導入歧途。

2. 組織設計不當。

此種情形包括未成立有效的推行小組，或雖成立推行小組，但小組的隸屬不當，或執行當事者沒有充分的權限等以致造成組織的虛設，無法發揮組織上應有的功能。此外，如權責劃分不清，造成職務上的重覆或空缺，出現了推諉塞責或三不管的現象等均是。

3. 表格或報表設計不當。

表格或報表的設計，在於提供所需要的數據與情報，使管理者能適時採取對策或處置。時下有很多企業所使用的表格或報表不是過於複雜，就是過於簡單，以致使表格或報表對事實的反映，或流於大雜燴籠統不清，或未盡詳實。表格或報表的設計並非一蹴即成，在實施前應多加考慮，在實施後亦應逐步改善，以求盡善盡美。

4. 系統流程設計不當。

系統流程的設計，須視生產作業形態而定，但不論何種形態，其系統的設計應能向有關部門提供所需要的數據或情報，一旦發生

事故時，有關部門才能及時採取對策或處置。時下有的企業，表格或報表常流向無關的部門，造成時間上的浪費或決策上的失誤。

5.人力運用不當。

制度在推行時，常因人力的運用不佳而失敗。諸如經營階層的支援力不彰，或管理層、監督層的主管力不強，或作業層的執行能力不足等而功虧一簣。因此，對一般作業員應加強宣導及教育，對管理者、監督者應遴選具有統禦能力的人，而對高階層應告訴他們實施鐘的效益有多大，好使其動心，進而使其產生決心，是很重要的。

6.檔案管理不善。

制度的推行具有一貫性，但常見當事人退休，調職、離職時，制度的推行上就產生了斷層。這主要是由於檔案建立不完善。是故檔案的管理，在制度的有效推行上是相當重要的。

7.例行性工作的幹擾。

像 PAC 制度的實施，第一線領班的職責甚大，對實施成功與否具有舉足輕重的地位，因此第一線領班應專心於部屬的指導與援助，避免過多的率務性工作。抑或直屬上司整日忙於形式上的蓋章或雜務，而忽略了應盡的職責。

8.資料收集與分析的困難。

時間記錄不夠精確，個人記錄的缺失、搜集資料時馬馬虎虎、收集的資料並非數量化，或無集中的資料檔案等，都會造成資料分析上的困難，進而影響資料分析的可靠性，甚至造成決策上的失誤等。

9. 缺乏濃厚的氣氛。

推行任何制度時均需高昂的工作意願。因此，為了使員工有高昂的工作意願，在實施之前，應先製造濃厚的實施氣氛，先將工作意願炒熱，當可減少執行上的阻力。

10. 事前準備不週。

準備的工作愈週詳，愈能使制度順利地推行，所謂，「預防甚於治療」的道理郎在此。像 PAC 制度的推行，如果沒有事先建立標準工時，或改善作業日報，則 PAC 制度郎難以推行得很成功。

11. 墨守成規。

大凡談到改革或導入新制度，一些守黌者總是認為原先的制度已經很管用廠，用不著再導入什麼新制度。但是原先制度由於作業方法的改善，標準工時亦應隨之敢變才行。

12. 事後未進行檢討。

制度實施之後，應定期實施檢討，以找出問題癥結，以求改進，以達盡善盡美的境界。譬如 PAC 制度的特徵郎為績效的分析報告與控制。因為祇有瞭解而沒有檢討甚至採取改進的行動，則整個制度只是空有軀充而已。

5 企業管理制度的病因診斷

　　人的神經系統從功能上看，由兩部分組成：輸入系統和輸出系統。位於手指尖，腳趾尖到全身各處，無處不在的神經末梢將信號傳到腦部的為輸入系統，輸出系統則將所接收到的各種信號加以分析歸納，並將腦部的指令傳達到神經末梢。也就是說，輸入系統具有把知覺從神經末梢傳送到腦部去的功能，而輸出系統則接收知覺，然後傳達動作訊號。

　　神經系統一旦出現故障，就會形成信號中斷，如，將食物放進口中以後，神經要負責操縱舌頭，讓某處肌肉運動，讓另一處肌肉休息，防止食物進入氣管，將食物引至食道等。一旦神經不能有效地起作用，食物就無法被我們「吃」下去了。說話、走路、睡覺、穿衣、運動等一切日常活動，都要靠正常運作的神經系統來支持。

　　企業經營活動就像是一個人的日常活動，將各種信號傳達到經營管理中樞，再由中樞下達各種活動指令。所以，我們不妨用人的神經系統來比喻企業管理制度。管理制度追求的是以合理的方式，以高效率來實現企業的戰略目標。管理制度發生問題，無論是制度本身的缺陷，還是制度執行上的障礙，都會如人的神經系統「斷路」一般，即使「腦」部很正常，但神經系統的功能失調，人就算不上健康了。同理，企業也就不能良好運轉。

1. 經營方針缺陷症

業績不良的企業最常見的現象之一，是經營方針上的缺陷。有許多企業表面上好像擬定了很理想的經營計畫、經營方針，但業績卻總是不佳。這不外乎是由於：

①經營方針、經營計畫的內容不切實際。

②即使內容恰當，卻沒能讓員工、甚至主要幹部理解。

有這樣一個事例：

日本三菱商工的社長鈴木先生是第二任社長。前任社長，他的父親是一位在社交方面很活躍的人物。前社長瞭解大兒子鈴木（現任社長）的性格和個性，原本打算讓二兒子繼承他的事業，他常把經營上的訣竅傳授給二兒子。不幸的是，次子英年早逝。不得已，他只好讓大兒子鈴木來承襲他的衣缽。鈴木鍾愛美術，常常拜訪各地神社廟，和僧侶討論繪畫、書法或神像。在這位文縐縐的人成為其父事業的繼承人時，前社長提前專門安排了本山先生進入企業，希望他們能很好地合作，以便發展業務。

前社長還在世時，鈴木先生與本山先生合作得還算順利。文質彬彬的鈴木先生與剛烈的本山先生，在前社長的協調下，他們倆一柔一剛，使得企業內外的判斷與運營平衡發展得很好。當鈴木為某事優柔寡斷、遲遲無法裁決時，本山就果斷地替他決定；當本山的作風過於衝動時，鈴木就主張必須慎重。人事政策方面也是：鈴木偏向於溫情，而本山則為了事業完全鐵面無私。

但是，前社長謝世後，鈴木接任社長之位。他與本山的搭檔關係就不再順利了。每年鈴木會在深思熟慮之後，將經營計畫案在董事會議上提出來供大家磋商。結果，幾乎每一次都受到本山的反

駁。雖然鈴木一再反覆說明，想盡辦法讓本山瞭解，本山卻始終固執己見。即使董事會決議後通過了這些計畫，到了計畫實施階段，本山仍向屬下表示「我不同意這個方案」，結果，本山的直屬部門受其影響，不肯嚴格執行計畫，與其他部門的行動不協調。即使如此，社長又無法阻止本山的行為，使得企業業績一年比一年惡化。如果前社長在世時，鈴木學會了自己和本山徹底討論的本領，而不是總要由前社長來協調，就不會導致今天的局面了。當然，如果鈴木自己具有這種獨立決定的能力，前社長就不會起用本山先生了。

2.報告傳閱症

報告，尤其是要求決策的報告，應由接收者判斷批註所採用的對策。否則，就不算報告書，而成了一種傳閱文件了。對於企業經營的報告書，絕不能像傳閱文件那樣「走一遍」，不能因為其他人蓋了章，自己也隨隨便便蓋章了事。

報告書最重要的是要正確地記錄事實，並附加有關方面的意見。

有一家公司，是汽車配件的零售商。在同行一片蕭條的情況下，該公司卻一枝獨秀，成績扶搖直上。雖然作為零售公司，自己沒有工廠，但他們可以將自己開發的商品委託給工作夥伴製造，並向市場推出暢銷商品。開發商品正是該公司的強項。

這一項要開發的是改善汽油燃用效率的零件，總經理預計在五年後可以使該商品達到公司銷售額的 25%，並成為公司的主力商品之一。在公司會議上，他用了幾乎一天的時間，向員工說明他的經營計畫。後來，公司的所有推銷員都拿著這個新開發的商品一起向各地展開推銷。

　　但是一個月以後，公司收到北部地方推銷員寄來的「零售日報表」。該日報表經由股長─科長─經理而順利呈到總經理面前來。總經理見表後大吃一驚，本以為可以成為公司拳頭商品的該產品被消費者指責為有嚴重問題，而這些指責均記載在日報表上。

　　訝異之餘，總經理問經理「這是怎麼回事？」，之後經理又跑去科長那裏，指責報表上的記載，問道：「科長，因為你蓋了章，所以我也跟著蓋了章，但這究竟是怎麼回事？」

　　這個案例不僅反映出「他蓋了章，所以我也蓋」的問題，還反映出，日報表原是應緊急處理的事情，卻被積壓下來，經過好長時間才一層層傳到高層。顯然，這種報告制度有必要改善。比如，對於一些重要、緊急的報告，使用「紅紙」報告書，可以不經中間管理層的層層審閱而直接呈報高層或直接相關部門。由此，在定型的「正規報告」基礎上衍生出「重要報告」，可以分別進行不同對待。

3.制度形式化症

　　企業管理制度一方面應當在經營環境，目標有所變化時，依據實際需要對制度加以修正。當然，有時候，過去的做法可能會更合理。另一方面，必須查證管理制度是否確實在運行。人們總會對按照制度工作感到不耐煩，這一點必須加以注意。制訂的規範中應該有一種內部稽查的功能，以免大多數人在不知不覺中忽視了制度而為所欲為，而在忽視了制度後只要沒有出什麼紕漏，也沒有受到嚴格的稽查，那麼以後就會一而再，再而三地馬虎起來，終於形成了習慣，最後，習慣就變成了自然。

第 三 章

企業如何制定本公司的制度

1 沒有規矩，不成方圓

　　強調制度建設，目的是用規範化的制度來約束管理者，避免管理者濫用職權。因為人是有感情和弱點的，而制度卻能避免感情用事，彌補人管人模式的漏洞。與此同時，制度也要規範員工的行為，消除企業內部無序和渙散的狀態，維護管理者的權威，讓企業的意志和行動相統一。

　　俗話說：「沒有規矩，不成方圓。」如果一個企業沒有規範的制度，或許在某一時段能混下去，甚至還混得很有效率，但從長遠來看顯然行不通。因為沒有制度、沒有紀律，會導致沒有執行力、沒有生產力。所以，一個明智的老闆，在打下天下之後，一定會努力制定適合公司的系統化的管理制度。那麼，怎樣制定適合本公司

的制度呢？以下幾點具有較高的參考價值。

1. 在制定制度時，要以「高標準、嚴謹」為原則

制度不嚴謹，全是泛泛而談的「空架子」，沒有具體的規範，那等於沒有制度。現在很多小公司就是這樣，雖然也有一套一套的制度，但不嚴謹、沒有考量的標準，根本無法評估執行效果。這樣的企業也註定難成氣候。

如果你想打造一個一流的團隊，就必須制定嚴謹的制度。這非常容易理解：如果制度足夠嚴謹，那員工的所作所為就會有明確的衡量標準。這樣一來，員工好的行為就會得到激勵，不良的行為就會得到遏制。這對公司的發展壯大有重要意義。

2. 告知相關制度的前因後果，讓員工明白怎樣做

企業管理制度，其實就是企業內部的遊戲規則。作為管理者，應該讓每個員工清楚地明白制度是什麼，知道哪些行為是允許的，哪些行為是不允許的，哪些行為是公司大力提倡的。管理者制定制度之後，一定要清楚地告訴員工：為什麼公司要制定這些制度，員工為什麼要遵守這些制度，制度與員工有什麼關係，制度跟公司的業績有什麼關係……只有真正看明白了公司的制度，員工才知道為什麼要遵守，怎樣去遵守。

3. 制定具體的獎懲標準，嚴格地按照標準執行

在制定制度的時候，一定要設定具體的獎懲標準：員工表現得好，按照規定給予獎賞；員工表現糟糕，給公司造成了損失，按照規定給予處罰。這樣的制度才能彰顯公平，才能鞭策後進、鼓舞先進，才能起到管理員工、凝聚人心的作用。企業的管理者不要像古代的某些皇帝那樣，有法不依，隨心所欲地獎賞或懲罰部屬：部屬

辦了一件讓他開心的事，他就可以給部屬加官晉爵；部屬說錯了一句話，得罪了他，他就可以當場將其「打入死牢」。要知道按這種做法管理企業會讓人口服心不服，是難以管理好公司和部屬的。

4.監督檢查，杜絕有「法」不依，有「罪」不定的情況

在制度和標準下，員工違反了哪條規定，就要受到相應的處罰。但如果沒人監督，執行者就會濫用職權、徇私舞弊。打個比方：張三與王經理關係不錯，張三違反了公司的制度，王經理顧念人情，不按規定處置張三。王經理這樣做引起了李四、王五等員工的不滿，他們有怨言，工作積極性大減。其實這種情況在公司中很常見。為了避免懲處制度執行不到位，高層管理者必須狠抓制度執行的力度，避免發生有「法」不依，有「罪」不定的情況。

2 制定好制度的原則

在一個組織中需要許多人一起工作，若不建立一定的工作結構，即所謂的制度作準繩，就不能把大家的努力成果集中起來。這個制度的好壞影響了大家努力的成果。

改善行政管理，主要在於對制度的改善。因此必須充分瞭解什麼是好制度。所謂好制度就是，用最少的成本，發揮最好的效果，以達到預期目標的方法。綜觀好制度，其中的原則就是「自動化」、

「分工」、「標準化」、「同步化」，分別加以說明。

1. 自動化的原則

規劃行政事務，必須做到「準確」、「迅速」,「輕鬆」、「簡潔」。而要做好這些，第一個原則是要「自動化」。也就是只要按規定去做，不需超過必要的努力，也會「水到渠成」或「不得不成」。

自動化有兩種方法。一種是心理性的自動化，另一種是機械性的自動化。

人與人之間個別接觸時，容易被彼此的心意和語言所影響。但集體相處時則不同，需要用另外的途徑來產生影響力。心理性自動化就是訴諸人的心理和本能，使人自動產生某種行為。

交付某人做重要工作時，他可以不必去做別的工作，這也是為了使他專心去鑽研特定問題的心理自動化。

另一方面，還有機械性自動化。這是透過機械與設備進行的自動化。

辦公室的機械性自動化，以電腦為代表。只要將原始資料輸進去，綜合、分類、甚至報告書都會按預先設計的程式完成。另外，個人電腦、文字自動處理機、傳真機、複印機以及單位內自動交換系統、地區網路統一等都使辦公設備普遍自動化。

2. 分工的原則

人類文化的發展，也可以說是分工的歷史。現在的公司很講究分工，尤其是在傳統的大公司，這種傾向更大。按照工作的順序和內容詳細分類，每個人反覆做單純的同類工作。分工決定後，即使缺乏經驗的人都能理解操作程式，迅速進入狀況。但是如果分工分得太細，就會造成人與人之間的疏遠，反而降低效率。順乎自然的

做法應當是：

- 掌握情況（調查、探索、認識）。

- 確定需要做什麼（欲求、判斷、目標、決心）。

- 考慮用什麼程式（計劃、程式化）。

- 決定實施步驟（準確）。

- 然後實施（實施）。

- 根據情況變化，修正計劃，使它更適當（修正）。

- 工作結束後，深入評估成果（評鑑）。

　　如此親自投入工作，認認真真按計劃、執行、檢查的過程去做，才會得到有成就感的喜悅。有些地方會出現過計劃、實施、檢查各自為政的分工論，結果是，有的公司甚至出現了類似機能麻痺性的動脈硬化癥候的例子。

　　另外有一種「達成機能」的原則，是由擔任者本人掌握整體工作的計劃、實施、成果評估。實施整體貫通的工作，會使工作更容易順利完成。

3.標準化的原則

　　許多人分工做多樣的工作時，同一工作的質與量也有好壞之分。如果不進行統一作業，很容易白白浪費人力。

　　為避免這樣的損失，就要針對每一項工作研究出最有效率的方法，並寫成書面文字，告知有關人員。無論誰做那個工作，都要按規定的方法去做，這叫做「標準化」。標準化有以下幾個優點：

- 沒有經驗的人，接受標準化的指導後，很快就能做一流的工作。

- 可以避免因工作方法不統一所引起的麻煩。

- 主管者能夠掌握和判斷每個人做了多少工作，盡了多少努力。
- 主管者只需要注意無法按照標準處理的例外事項，因此可以節省許多管理時間。
- 容易掌握所訂的標準與實際的差距，檢查發生差距的原因，進一步加以改善。

「標準化」工作並不能解決所有問題。有時候會出現無法以標準化處理的問題，這多半是因為有不同的條件一直被掩蓋的結果，對此一定要特別注意。例外管理是主管人為有效地推行整個管理工作的極佳手段，而標準化則促使例外管理便於進行。

標準化可按照下列的程式來做：

- 徹底研究目前可以想到的更好的工作程式、方法、判斷標準、作業用具等，盡可能集合眾人的智慧。
- 為易於將結果教給他人，要寫成書面文字（由有關人員討論出工作標準的文件）。
- 有關人員及辦事員要學習並充分掌握這種做法。
- 實施過程中，要注意有無需要修改的地方或不徹底的地方，必要時立即修改。
- 有關標準外的例外事項，由相關負責人擔任。
- 對照標準狀況與實際情形，不斷改善出更好的標準。

4.同步化的原則

建立好制度的第四個原則是同步化。

使用電腦可以減少手工作業，但完成的時間若是拖長了，那使用電腦也就沒有意義了。

　　要對準時間，這是集體工作的秘訣。如果不協調一致，把時間配合好，是絕不會成功的。

　　開會時如果必須參加的人不在規定的時間集合，就會白白浪費許多時間。時間上的配合，相互間的工作同步化，其實是公司的作風問題。如果主管人、上層幹部沒有嚴格遵守時間的習慣，全體工作人員怎麼會有這種風氣呢？應將這納入具體的工作方法中，使其標準化。

　　標準項目中絕不能忘掉包括日期和時間，尤其是許多部門的人都與此工作有關時，更要如此。例如：

　　· 要建立銷售計劃、生產計劃、庫存計劃、進貨計劃、整體利益計劃時。

　　· 對每月、每期成績進行綜合決算時。

　　· 單項銷售成績的綜合與付款通知等事務。

　　在上述情況下，清楚地表明日程、時間，使之標準化是很重要的。

心得欄 _____

_____

_____

_____

_____

_____

3 掌握制度的制定流程

　　很多管理者一旦在管理企業的過程中遇到瓶頸或者坎坷，就會抱怨手下的員工，雖然這的確與員工有一定關聯，但是真正導致企業管理失誤的源頭卻是企業制度。

　　管理者在制定制度的時候，是否進行過調查和討論，是否讓員工參與？而你制定出的制度又是否真正地體現出人性化和與時俱進的特點，制度內容是否層次分明、突出重點？可想而知，這些都會影響企業的健康發展。所以管理者一定要掌握制定制度的流程和原則，按照流程來制定制度，爭取讓員工參與，讓制度更加人性化。只有這樣，你所制定出的制度才能得到員工的認同，這種制度才會對企業的發展有積極推動作用。

　　企業要想制定一個好的制度，必須要進行充分的調查和討論，只有這樣才能擬訂出讓大家滿意的制度和原則，而這也是制定一個合理制度的必要流程之一。

　　想要擬訂一個合理且科學的制度，首先就要深入調查和討論。只有調查討論，才能確切地明白員工的工作環境和工作心態。企業管理者們要注意，想要調動員工的積極性，首先就要思考一下企業的制度是否合理；其次就是要瞭解自己是否掌握制度的制定流程和基本原則。

　　如果一個企業經理不經過實地考察和調查討論，他是不可能制

定出科學合理的制度的。如戰國時期的趙括，儘管文韜武略，讀書
萬冊，但是卻不懂得實際操作，也從未去軍營中考察過，所以他根
本就是紙上談兵，不可能激發將士們的積極性，更不可能打勝仗。

　　這也提醒了所有企業管理者，當企業內部出現問題，需要重新
修改制度的時候，必須要切身調查問題、研究問題，根據問題進行
深入討論。只有這樣，企業管理者才能制定出有針對性的制度，從
而讓問題迎刃而解。企業管理者在制定新制度的時候，要調查討論
其實並不難，但是為什麼卻仍然有大部分企業不能很好地落實呢？
造成這些企業管理者不能很好地進行調查討論，擬訂制度的原因在
於以下幾點。

原因一：任憑自己想像

　　眾所周知，那些大型企業，如微軟、谷歌、蘋果等公司在制定
制度時，往往都是通過對員工的一些考察、瞭解來制定合適的制
度。因為這些管理者明白，唯有這樣，企業的制度才能深入員工的
內心，才能讓他們更好地工作，從而提高企業的整體效率。但卻有
很多企業管理者教育和企業管理的道理大同小異。有很多企業管理
者在制定制度的時候，並沒有深入調查和討論，而是任憑自己想
像。最終擬訂的制度草案猶如紙上談兵。

　　總經理最近正在準備擬訂新獎金制度方案。他之所以要重新擬
訂一種獎金制度，是因為以前的獎金制度是幾年前制定的，而現在
員工薪金都在上漲，因此，他決定要重新增加大家的福利獎金。這
固然是件好事。但是，這位經理並沒有深入調查，也沒有和一些工
作人員討論研究，而是根據自己的想像，在原先的基礎上僅僅給員
工增加了不到 10%的提升。這種獎金制度一經擬訂，全體員工都十

分失望，他們當中有些員工瞭解到其他的同行公司的獎金是他們的兩倍後，都紛紛跳槽了。

企業管理者在制定一項新制度的時候，首先要「走出去」。所謂「走出去」，就是要去同行公司和企業進行考察，尤其是比自己優秀的大公司，只有這樣才能瞭解同行的發展和管理制度，這樣才能抱著學習的態度進行改變。其次就是「走進來」。所謂「走進來」，就是要走入員工中間去，尤其是走入基層員工中間，深入瞭解他們的工作情況和薪金待遇，與他們討論和研究新制度。只有這兩者相結合，才能制定出合理的制度，這也是企業管理者制定制度的必要流程之一。

原因二：大制度下，造成無的放矢

一些企業管理者為了能夠制定一種適合企業發展的制度，就制定出了較大的制度管理政策。企業管理者以為，這樣就能夠做到無漏網之魚，任何問題也就都能解決了。但是恰恰就是這樣的大制度導致了企業無的放矢。這樣很容易變成大炮打蚊子，不但打不到，而且還費力不討好。

金融危機前夕，日本有一家服裝設計公司，老闆制定了這樣的一種制度：員工不能遲到、早退、曠工，違反者一律罰款；在一個星期之內，沒有完成設計任務的員工，扣除本月獎金；有客戶投訴的員工，扣除本月獎金。

公司老闆以為在這種大制度下，員工一定會好好工作，但結果是，員工頻頻出現問題。甚至很多員工因為路途遙遠、途中堵車等情況而頻頻遲到；有些員工一周之內沒有完成任務，但下周補完，卻也要扣除獎金，於是就乾脆周周不完成任務……為此，在金融危

機到來之時，這家本來十分有潛力的公司卻面臨著倒閉的危險。

一個企業在管理過程中，難免會出現各種各樣的問題，因此在制定管理制度的時候，身為管理者，應該親自走到問題的深處進行研究和探討。如在制定制度的時候，要著重注意考慮以下幾個問題：制度規定的是什麼？針對什麼問題？能夠達到什麼效果？相應的處罰又是什麼？瞭解了這些問題之後，管理者再去制定制度，就不會出現費力不討好的局面了。

原因三：制度泛泛而談，沒有具體實施方案

企業管理者在管理中往往會走入一個誤區：我制定什麼樣的制度，大家就要遵守什麼樣的制度。所以，很多管理者往往為了牢牢「捆緊」員工，制定了一些泛泛而談的制度，以讓自己看上去十分有經驗，但其實這些泛泛而談的制度，未必就能取得好的效果。

許多公司都擅長制定一些泛泛而談的制度。有一家公司，老闆制定了這樣一項制度：如果工作時期需要在外工作，包括出差等，直接向人事經理提出報告。而且各項費用也都由人事經理向財務支出。沒有得到人事經理的允許，不得擅自在外工作。這樣一來，這家公司的很多員工為了能夠在外工作得到更好的條件和福利，紛紛與人事經理搞好關係，最終，公司因為對外支出的經費較多，而導致資金周轉不靈。

制度既然制定了，就必須要有它的效果和具體方案，這是管理者應該懂得的制度制定的基本流程。這需要管理者不能泛泛而談，要深入詳細調查員工工作情況，這樣才能制定出具有實行方案的制度。例如，管理者允許員工可以在家工作，但是一定要制定一個詳細可行的實施方案。如在家工作 3 天以上，需要經過組長或者主管

同意；在家工作 6 天以上，需要經過部門經理允許，這樣的制度就顯得可行而合理。

 # 4　對企業現狀如何進行制度分析

企業要改善行政的結構，必得先查看企業現狀如何，對項目加以研究，對這些主題進行研究和闡明就叫做「制度分析」。

- 對現在的機能及目的的研究。這個事務現在有何機能？完成什麼目的？
- 對原來的目的與機能的研究。經營上，這個事務本來應完成的目的和機能應該是怎樣的？應有的狀態是什麼？
- 對目的機能達成程度的研究。本事務是否充分完成本來應有的目的與機能？不足的部分是什麼？多餘的部分又是什麼？
- 對方法、程式和時間、空間的合理性研究。為達成目的和機能的方法程式以及在時間空間的利用方面是否得當？為達到目的最簡單的方法是什麼？
- 對資格條件的研究。做這工作的人需要何種能力與資格？現在的人員是否滿足這個條件？

1. 制度分析進行法

「制度分析」如何進行？

在思考如何理解新事務時，都會透過看、聽、寫三種方法進行。制度分析也是結合這三種方法來進行的。

・看

很多事務或活動的進行都是要從頭開始的。如辦公桌的配置、工作區的安排、各工作人員之間的距離、隔音、採光、紀律、桌上事務用品的放法、抽屜裡的整理、上司與工作人員之間的談話、電話的使用情況、使用什麼樣的傳票、誰是怎麼寫的、怎麼核對等等。這些都是百聞不如一見。

・聽

用眼睛看，大多會從感情或印象掌握現在的狀態，但對於未表露於外的問題，如本來的意義目的等，假使不從有關人員那裡直接聽取和討論就無法真正瞭解。

・寫

只有看和聽還夠不完整。如工作程式究竟怎樣了，時間如何分配，何時忙、何時閑等問題，只透過看和聽是不很清楚的。

不清楚的地方，透過圖表會清楚一些，有錯誤的地方也會知道錯在那裡。更重要的是，透過圖表，可以將其整體與所有部門聯繫起來看，讓人一目瞭然。有時只需要看圖表，問題就會自然地浮現出來。

如何將看的、聽的結果用文字表達出來，進行系統的研究？最低限度應當瞭解到什麼？

2.透過每人的業務內容調查表進行分析

在研討業務重點從什麼工作著手、這個工作本身應當分配多少時間等問題時，務必要知道一個部門、一個集團的業務分幾類，各

單位使用的時間大致是多少。

要改善一個部門的效率,為了在研討時不出現遺漏現象,必須將部門的所有工作列成圖表。

此外,每個人對自己的工作,感到有問題和不滿之處,或有什麼改善建議,也是很重要的事。

因此,由每個人製作個人業務內容調查表,根據這個表進行綜合研討就成為必要的了。

3.首先製作工作分類表

要調查個人業務內容,首先得製作對象部門的工作分類表,這是為了避免登記標準不同,而統一工作的大分類、中分類、小分類。此外,要調查工作種類的時間分配時,這也是不可缺少的。

製作這個分類表,要以較小的作業組為單位,所有的負責人一起討論,將各個事項填到標籤上,這時可以先不管分類的大小。

然後集中相似的種類,一邊討論一邊決定大分類、中分類、小分類的關係。

討論過程中追加不足的業務名,修正不恰當的敍述,捨棄重複的卡片。

討論的結果獲得一致同意之後,將標籤放到相互關係都清楚的位遲上,並貼在道林紙上用線連起來做成「業務系統圖」。

4.設計業務內容調查表

調查表的格式不拘,要點是易於登記、研究和綜合。登記內容,可以參考下列的項目:

· 部門、姓名、年齡、性別、年資。

· 製成年月日。

· 工作的大分類、中分類，必要時加上小分類。

· 每一工作的程式方法概略。

· 該作業的前工程是什麼。· 該作業的後工程是什麼。

· 用該作業製作的資料名或登記的賬本名。

· 工作的時間是以每日、每週、每旬、每月、每期或每年計。
作業是在何時、何日或何月完成。

· 工作頻率。即該工作大致要發生多少次。

· 每次工作量多少。如每次大約填發 10 件傳票等。

· 處理一件事所需時間。

· 一個月的工作量平均一天大約要花多少時間。

· 關於各種作業的問題和改善方法等。

對於以上項目，圖二列舉了誰都易於填寫的格式。

格式完成後，召集全體人員說明調查的主旨。這時要盡可能仔細地說明登記項目的意義和具體的登記範例，因此在事前應準備好登記範例做為填寫的導引，業務的分類表也要在這時加以說明。

5.檢討登記結果

登記結束後，盡可能和每一個人面談，釐清意思不明或遺漏掉的細節。

其次，按事務分類累計所需時間。當然，這數字不一定準確，但對判斷大局有很大的作用。

要檢討一下，在本來不應花那麼大工夫的事務上，是否花了過多的時間？有沒有對普通的作業事務多花了時間，而對關鍵性的判斷、交涉和實施不夠用心？接著，根據以上情況，找出改善研究的重點應放在那個事務上。

此外，就每人所寫的問題和改善方案，按事務性質重新分類列舉。其中也許多少會有估計錯誤的地方，但透過它可以瞭解到各執行者有何困難，很多情況下還能發現意想不到的改善關鍵。與每一個人再次確認調查表時，也不要忘記聽取大家對此欄目的意見。

5　建立企業制度化的內容

一、制定制度的程序

制定管理制度的過程，是總結本企業的經驗，總結歷史的經驗與學習成功企業的先進經驗，探索企業管理的新方法，提高管理水準的過程；同時也是從員工中來，到員工中去，發動員工進行自我教育、參加民主管理，提高企業素質的過程。

制定規章制度應該遵循的基本程序是：

調查——分析——起草。

討論——修改——會簽。

審定——試行——修訂——全面推行。

也就是說，管理制度的制定，要經過充分調查，認真研究，才能起稿。草稿形成以後，要發到有關職能部門的基層單位反覆討論，斟詞酌句，慎密修改，並經過有關部門會簽和審定，然後在小範圍內試行檢驗。對試行中暴露出的問題和破綻，要認真進行修

改。重要的規章制度，還要提交廠務會、黨委會或職代會通過，並報上級主管部門批准。只有遵循上述基本程序，制定出的管理制度才能切合實際，具有權威性和員工性，才能順利貫徹執行。

　　企業管理制度是企業管理各項水準的綜合體現，是一項複雜的綜合性系統工程，企業管理制度的建立、健全和完善必須有計劃，有秩序，有步驟地進行。建立、健全、完善企業各項管理制度作為一個動態的過程，包括如何正確地制定，如何有效地利用，以及如何不斷地修訂完善等三方面的內容。

二、企業制度的內容

　　我們要建立的企業管理制度，包括以下內容：

　　⑴建立以參與國際競爭、佔領國際市場為目標的經營戰略體系。

　　⑵建立企業職工培訓、考核、獎懲制度。

　　⑶建立現代企業技術改造與科研制度。

　　⑷建立集中管理與分散經營相結合即集分權相結合的運行機制。

　　⑸建立企業的民主管理制度。

　　⑹建立現代企業的文化生活制度，等等。

　　當然，為此要建立起一系列配套的營銷管理，研究與開發管理、生產管理、財務管理、人力資源等等具體制度。

三、管理制度的篇章結構

管理制度的篇章結構，一般分為導語、條規、實施說明三個部分。具體結構，因其本身的性質、內容不同而異，常見的有以下四種形式。

(1)分章命題，下列條文

這種結構形式，第一章通常為總則，闡述制定規章制度的依據、目的、適用範圍等。末章通常為附則，說明這部分規章制度的權威程度、修改和解釋許可權、生效時間及其它有關要求。中間各章，為規章制度的具體內容。每一章可分為若干條，每一條可分為若干款。

(2)分段標題，逐條敍述

這種結構形式一般在前面有一段導語，說明制定制度的目的、依據，適用範圍等，然後分段標題，逐條敍述。末段可附上實施說明。

(3)開門見山，全篇列條

這種結構形式，從開篇到結尾都是條文。第一至二條為制定制度的目的、依據，末尾一至二條為實施說明，寫明修改和解釋許可權、生效時間等，中間各條為具體內容。

(4)只寫編號，不列條款。

這種結構形式與第三種形式相似，只是只寫編號，不寫條號。開篇可以寫一段導語，也可以不寫導語。結尾可以寫實施說明，也可以不寫實施說明。

四、管理制度的撰寫文字有那些要求

企業的管理制度,是對從事與企業生產經營活動或工作有關的具體規定的文件,具有嚴肅的法規性質。生效後的制度必須嚴格遵照執行。所以撰寫管理制度的各項條款,務必明確、具體、準確。具體文字撰寫要求如下:

⑴條理清楚,層次分明,分門別類,一目了然。

⑵前後連貫,邏輯嚴密,考慮全面,措施具體。

⑶文字洗練,應直截了當把意思表達清楚。行文應莊嚴,樸實無華,簡明扼要。不宜使用描述、抒情之類的文字,也不宜亂用形容詞和文言文。

⑷措辭用語要準確反映客觀實際並應注意分寸,有關數據要經過反覆調查核實。確定界限時用詞更要準確,必要時可用括弧註明。

如閥門檢修分工,寫成「Dg200 以上閥門由檢修工廠負責,Dg200 以下閥門由生產工廠負責」,意思就不明確。因為 Dg 200 的閥門歸誰檢修不清楚。修改為「Dg200(含 Dg200)以上閥門由檢修工廠負責,Dg200 以下閥門由生產工廠負責」,意思就清楚了。

⑸通俗易懂,不使用生僻文字,不使用轉彎抹角的句式,尤其要避免使用讓人捉摸不透的易產生歧義的詞,不生造一些費解的縮略詞語。

⑹標點符號要應用準確,避免因標點符號不準確而影響文意的正確表達。

6 實用的制度分析法

1. 五「W」─「H」分析法

日本著名企業家、豐田公司副總經理大野耐一總結他發現問題的秘訣：凡事要問「五個為什麼」。

有一次，生產線上有台機器老是停轉，經多次維修後仍不見效。大野耐一就問：「為什麼機器停了？」工人答：「因為超過了負荷，保險絲就斷了。」大野耐一又問：「為什麼超負荷呢？」答：「因為軸承的潤滑不夠。」接著問：「為什麼潤滑不夠？」再答：「因為潤滑泵吸不上油來。」再問：「為什麼吸不上油來？」答：「因為油泵軸磨損，鬆動了。」至此，大野耐一還不甘休，繼續問：「為什麼磨損了呢？」答：「因為沒有安裝篩檢程式，混進了鐵屑等雜質。」於是，大野耐一要工人給油泵安上了篩檢程式，終於使生產線恢復正常。這就是被人稱為五「W」─「H」分析法。

五「W」─「H」分析法是一種綜合性的分析方法，它的 5 個英文疑問詞的第一個字母是 W，1 個疑問詞的第一個字母是 H。它被用來檢定企業現行分析方法是否合理，以發現改善的地方。具體是：

(1)為什麼（WHY）。為什麼一定要這樣做？為什麼會有這樣的需要？是什麼理由？如果我們不這樣做，對企業會產生什麼害處？這是探求企業現行辦法的必要性的一個起點，進而可以分析現行辦法

是否與原來目標相符等等。

(2)做什麼（WHAT）。究竟做這項工作的目的何在？有那些工作要做？做些什麼工作？為達到企業的目標或解決問題，真正需要工作的內容是什麼？其重點在工作內容的分析。

(3)何地做（WHERE）。這些工作內容在什麼地方做最適宜？工作順序及地位如何？（何地做的「地」係廣義的，它包括實際的工作地點、順序、地位等項目。）它的前後關聯性、協調性如何？等等。

(4)何時做（WHEN）。是指工作時間方面的分析。在什麼時間順序做？何時做最好？何時要管制？什麼時候要快做？等等。工作的時間極為重要，尤其是在財務方面，由於時間因素對金錢價值的影響，所以不能不予以注意。

(5)何人做（WHO）。由誰做最合適？誰會來買？要誰去賣？有誰需要？誰會喜歡？誰有關係？誰是競爭者？誰是有助企業業務的拓展者？誰做得最好？誰做得不好？這是涉及人的方面的各項問題的分析。

(6)如何做（HOW）。這是指如何做最好？怎樣做法？還有沒有比這更好的做法？需注意那些事項？如何貫徹計畫方案的精神和目標？例如在工作簡化方面，還經常運用此項分析手段，研究工作是不是能剔除？是不是能合併？能不能重排？能不能簡化？

2.企業「九查」術

企業「九查」術是由美國麻省理工學院一位教授提出的，它是指企業縱觀企業全局而定期檢查日常工作的九項指標。

一查定購生產資料耗費的時間。

有沒有主要供應商的違約、拖拉、延長企業的產品週期現象。

所以，企業要定期檢查，儘早發現供貨方的問題，並及時處理，避免損失。

二查積壓的產品定單。

企業積壓購貨定單會失去信任，買主會不高興，甚至退貨。因此，為了維護企業信譽，建立企業與買主的良好關係，要按期（最好一個星期）列出定貨額和未完成的數額，發現積壓應馬上調整。

三查產品從成交到交貨或完成合約的時間。

產品週期長短，直接影響企業是否及時履約。由於有些企業在定單多而應接不暇的情況下，常常不重視產品週期，推遲交貨日期，導致得罪了用戶，用戶再也不願同你做生意。而且產品週期延長還會加大生產費用。

四查質詢次數。

外單位來函請求企業提供情況的次數，是衡量廣告、推銷和銷售業務水準的重要標誌。質詢次數越多，表明企業和產品的知名度越高。如果無人問津，就說明廣告和宣傳工作需加強了。

五查審單數量。

審單猛增時，要採取措施擴大生產和加緊生產；反之，要分析具體情況，研究一下是由於行業性的蕭條，還是你的產品不被買者喜歡和瞭解的緣故。

六查轉換率（成交次數與質詢次數的比例）。

它可以看出企業把顧客打聽生意的質詢轉換成為既成買賣的效率。如果出現質詢的次數增加而造成轉換率下降，就要預防在質詢的次數減少時發生定單減少的問題；如果轉換率上升而定單（合約）的數量保持不變或減少，那就證明企業的推銷工作不力。

七查流動資金量。

流動資金是企業生產運轉的血液。檢查流動資金，看看有沒有不足情況，如果有，就要採取措施縮短產品週期，減少資金佔壓，清理應收款項。如有流動資金激增（除季節因素），就要安排擴大生產。

八查費用支出額。

如果發現支出不變或下降，銷售額卻增長，那就說明企業情況很好，反之，支出增長而銷售額不變或下降，那就要整頓支出，採取緊縮辦法。

九查應收款項。

有些供應商和顧客常常拖延你定購生產資料交貨時間和應付款期，造成企業資金短缺，企業主管者應定期檢查應收款項，發現問題及時解決。

企業主管者在採取九查之術時，把有關數據繪製成簡明圖表，使主管者便於每週用不長時間掌握一週內生產經營情況，以便於決策。

3.抽屜式管理法

顧名思義，抽屜，即辦公桌上的抽屜。抽屜式管理法是一種通俗形象的管理術語，在現代化管理中，也叫做「職務分析」。它的主要含義就是在每個管理人員辦公桌的抽屜裏，都有一個明確的職務工作規範。它包括兩個方面的含義，一方面對每個人所從事的職、責、權、利等四個方面進行明確的規定，做到四者統一；另一方面是明確每個人所從事管理和主要專業業務，分工協作關係，橫向縱向聯合事宜，以及上下左右的對口單位等，達到理順企業管理

關係的目的。

　　抽屜式管理，是世界上最近幾年來流行的一種新的管理方法。它的主要內容應包括以下兩個方面：

　　⑴業務科室的職務分析，即職能許可權範圍。業務科室的職責許可權範圍分析，應根據企業的總體目標、生產經營指標，以及井上井下專業對口的要求和協作關係進行層層分解、逐級落實、明確規定。

　　⑵管理人員的職務分析，即「職務說明」或「職務規範」。管理人員的能力分析要根據管理層次的不同進行。如礦承包經營集團層次，副礦長要對礦長負責，副總工程師應對總工程師負責，管理要素層次，科員要對科長負責，科長要對對口礦長負責，還要對專業負責。管理人員職務分析的關鍵是處理好集權與分權的關係。

　　國際上流行的抽屜式管理，類似於現代化管理辦法中的「責任制」。

　　企業在施行「抽屜式」管理方法時，首先要組織一個由各個部門結成的職務分析小組。並對職務分析小組進行短期培訓，以掌握抽屜式管理概念的內涵。圍繞企業的總體目標，生產經營指標，根據業務對口、編制業務科室職責許可權範圍。分層次進行管理人員分析，按職、責、權、利四者的統一，制定管理人員職務說明或職務規範。另外，制定必要的考核、獎懲制度，與「職務分析」法配套執行。

4.「355」工作法

　　規範工作法是以生產、技術、管理相統一，責權利相結合，程序化、標準化、科學化為基本特徵的綜合性的管理方法。即「三定、

五按、五幹」。簡稱為「355」工作法。

「三定」是定崗、定責、定薪。定崗就是以勞動定額和安全技術操作規程為依據，詳細制定操作工作的操作範圍、操作內容、操作程序、工作量的大小，通過對生產線的整體分解和對崗位操作時間分解，反覆平衡、調整，達到比較合理的崗位定員。定責就是以目標管理為主線，以承包的指標為基數按照生產的職能、職責要求，分解到各個崗位、各個環節。定薪是按崗位的責任大小、重要程度、勞動程度、工作地位、操作水準和技術要求的高低決定崗位的薪金。「五按」是按程序、按路線、按時間、按標準、按指令操作。「五幹」是幹什麼、怎麼幹、什麼時間幹、按什麼路線幹、幹到什麼程度。「三定」是以「五按」、「五幹」為前提，「五按」、「五幹」以「三定」作保證。

施行規範化工作法，按照「三定、五按、五幹」的內容要求，編制操作規範。操作規範包括崗位操作程序圖、時間分解序列圖、崗位規範操作表，把圖表繪在展示板上，掛在操作崗位現場。執行考核細則印發成冊，發到職工手中，按章執行。長期操作質量劣等的崗位工作，應受到解除操作資格參加「廠內待業」的處理；反之則受到表彰和獎勵。

規範化工作法是使職工具有強烈的時間意識、標準意識、程序意識和競爭意識，解決同崗、同責、不同酬的逆反心理，充分調動職工的積極性的一種良好方法。

7 制定管理制度的戒律

企業規章制度是組織和管理現代化企業的重要手段，這一手段運用的好壞直接影響到企業生存與發展。同時會直接關係到企業的效益。如何避免制度管理的失誤，不妨牢記中小企業制定管理制度的八條戒律，或許會從中受到啟示。

這八戒是：

1. 戒草率從事，聊備一格

為了應付上級草草訂出一份管理規章，根本不向幹部職工宣佈，當然更談不上執行。

2. 戒抵觸法規

有的規章制度條文與現行政策、法令和政府的規定相抵觸，當然自行失敗。

3. 戒自相矛盾

上下條文互不銜接、自相矛盾，使企業內的此規定與彼規定也有衝突，讓人無所適從。

4. 戒咬文嚼字

文字冗長，語言生硬，含意不清，令人無法領會。如《安全守則》中有這樣一條：「在禁區內不得燃燒可燃物或促使致燃之器具」，其實，只需「禁區內嚴禁煙火」七個字就可概括其意。

5.戒捨本逐末

列舉大量無關緊要的條文,「喧賓奪主」,降低了重要條文的分量,細微末節的條文過多,不便記憶,當然會影響執行。

6.戒違背常理

過於苛嚴,大都難以做到,懲罰措施過火,職工動輒得咎,導致抗拒心理。

7.戒不切實際

過於細密,實際執行中難以行通,或執行起來反而降低效率,而條文過寬,又起不到約束作用。

8.戒形同虛設

訂而不用,對違規者不按規定處理,姑息縱容;或在執行中因人而異,親疏有別,會導致制度自行廢棄,成為一紙空文。

8 多聽聽別人的意見

日本豐田公司有一項建議制度或稱提案制度,建立於 20 世紀 50 年代,即「好產品,好主意」,意在鼓勵員工為企業的發展多建言獻策。

豐田公司在實施建議制度的第一年,只徵集到 183 條建議,但隨後逐年遞增,建議採用率也在上升。1972 年,員工提出的建議首次超過 10 萬條,採用率為 57%;1978 年提出的建

議達 50 萬條，採用率為 88%；1990 年提出建議高達 85.9 萬條，採用率高達 94%。資料表明，在 1980～1986 年間，豐田公司收集建議 430 多萬條。這項員工建議制度取得了驚人的成績，僅 1975～1976 年，就為公司節省了 40 億日元，其中還有不少建議每月就可以為公司節省 300 萬日元。

在豐田公司，員工的建議一旦被採納，公司將根據具體情況獎勵 5～10 萬日元。此外，豐田公司對於在不同階段提出合理建議、並被採納的人員，在月末或年末以獎狀、獎品、獎金等不同形式給予獎勵。豐田在總廠及分廠設立了 130 多個綠色的意見箱，並備有提建議的專用紙，每月開箱 1～3 次，建議被採納後進行獎勵。豐田有 4.5 萬名從業人員，平均每人提 100 條建議，就有 450 萬條。這些建議即使未被採用，豐田的有關部門也付以 500 日元作為「精神獎」，給予獎勵。現在，豐田對最高的「合理化建議」的獎金高達 20 萬日元。

此外，對技術上的重大革新創造，豐田也有重獎。公司還設有專人負責收集、整理合理化建議，研究其可用價值，評級發獎，並儘快採用。在這種員工普遍參與決策和管理的氛圍下，經過半個世紀的經營，豐田公司已成為日本汽車製造業中規模最大的生產廠家，產量為日本行業之冠，並躋身世界汽車工業的先進行列。

在制定制度的時候，要要重視員工的參與，鼓勵員工積極加入到制定制度的過程中，歡迎員工對制度建言獻策。這樣，一方面可以避免公司內個別管理者僅憑個人智慧拍腦袋做決策，同時，還可以減少員工執行制度時的阻力，便於員工的執行。美國著名企業家

M.K・阿什提出過一個「參與定律」，即人們總是樂於支持自己參與製造的事物。在豐田公司，通過一套有效的建議制度，員工可以把自己的見解充分地提供給公司，幫助公司改進運營中存在的問題。在企業中，我們一定不要忽視員工的力量與智慧，無數事實證明，一些長久困擾我們的問題，如果積極發揮大家的集體智慧，結果就會產生驚人的力量與美妙的創意。在現實中，企業忽視員工的參與意識，往往會給企業管理帶來很多不利方面。

企業制度在推行中，由於不能讓員工積極參與，從而使制度不能得到切實執行的幾個重要原因：

1.員工不瞭解制度

企業在制定制度的時候，如果缺乏員工的參與，就會造成員工對制度理解不深刻，甚至理解有偏差的情況，這會直接影響執行的品質。我們經常聽到一些企業負責人抱怨：為什麼制度裏面寫得很明白，員工們還要「故意」去犯呢？在這裏，我們要強調的，不僅僅是制度內容的敘述品質問題，更是員工是否瞭解制度裏規定的是什麼內容。沒有員工的參與，單純進行所謂的「制度培訓」，難以增強員工的感性認識，也難以確保員工記住制度的內容。所以，員工不瞭解制度，就會造成執行不到位。

2.員工不理解制度

沒有員工的參與，就很難保證員工對制度的含義有深入理解，以及制度的潛在價值取向，員工也就不會理解企業制定制度的苦心。在制定制度的時候，如果有了員工的參與，那麼，員工必然會對制度希望解決什麼樣的問題、打算用什麼樣的方法解決、在解決時依據什麼樣的標準，有清晰的認識。否則，員工不理解制度，就

會造成在執行時思想比較被動，鑽制度的空子，就不可能切實貫徹制度。

3.員工不認同制度

制度的產生沒有員工的參與，就很難獲得員工的認同感。在現實中，常聽到一些公司的員工說：「制度都是他們管理層制定的，跟我有什麼關係？」這從很大程度上反映出員工對現有制度的不認同。相反，如果鼓勵員工積極參與，在制度的制定過程中，廣大員工投入充分的議論、探索與爭執，最終形成制度，這時，員工還會不認同自己辛辛苦苦參與制定出的制度嗎？所以，管理者一定要重視員工的參與意識。

只有讓員工廣泛參與到企業制度的制定過程中，才能確保制度的品質，並且讓員工自願、自覺地遵行，推動公司制度化管理的開展。

既然讓員工參與制度的制定非常重要，那麼，我們在制定制度的時候，就應該多關注員工的看法，鼓勵員工積極投入到制度的制定中來。我們在制定制度的時候，越能夠多聽聽員工的聲音，那麼，制定出的制度也就越能夠受到員工的認可，越能夠讓制度更好地服務於企業。因此，在制定制度的時候，我們可以這樣做：

1.提倡集體參與，集思廣益

企業制度的制定，是全體員工的事情，所以我們要提倡集體參與的意識，群策群力，讓員工踴躍發表意見和看法，這時，還可以讓員工感覺到「自己是企業的主人」，可以激發起大家對企業制度建設的熱情，確保制度的品質。

2.充分徵求員工的意見和建議，並進行認真審核

在制定制度的時候，一定要鼓勵員工充分發表個人的意見和建議，並對員工提出的意見和建議認真研究，從中找出對企業發展有益的內容。有的企業表面上尊重員工的見解，但是將員工的意見收集上來後，卻只是粗放式地管理，並沒有對這些意見和建議進行認真分析，這樣的話，就很難真正起到重視員工意見的作用。

3.不要強制性地希望員工的意見完全一致

既然是鼓勵大家積極參與，那麼，不同員工對同一個問題的看法，就可能會不一樣。這時，不要強制性地要求員工在某一個問題上必須達成一致，即使有些意見或者建議我們最後沒有採用，但同樣需要肯定員工為企業的事情積極思考、探索，而且我們還要尊重員工的差異性思維，同時，對一個問題能有多種看法，也便於我們制定制度時從更多的角度出發，避免制度的盲點。

9 制定管理制度前的研究工作

搞好調查研究，是制定切實可行的制度化重要環節。

1.事先的研究

⑴向從事實際工作的同事討教。從事實際工作的同事，對本專業工作實情瞭解最深，對應該怎麼做，不應該怎麼做最有真知灼見。要特別注意向在該項工作中做出顯著成績的人們調查，總結他

們成功的經驗，同時要特別注意向在該項工作中遇受挫折的人們調查，吸取他們的失敗教訓，這樣制定出的制度才有指導意義。

⑵查閱本企業的歷史資料。通過查閱資料，分析數據，提煉出帶規律性的東西。

⑶學習別人的先進經驗。向成功企業，特別是同行業、同專業的成功企業調查，學習他們的先進經驗，但不能生搬硬套。

⑷認真學習方針、政策、法律、法令和上級機關的有關規定。一項管理制度，往往涉及許多方面，受著多方面方針、政策的約束，因此，必須注意與方面的政策相一致，防止互相抵觸。這樣制定的制度才有權威性和約束力。

2.相關單位的討論

大多數情況下，對制定的管理制度進行充分的討論都是極其必要的。集思廣益，堵塞漏洞，消除破綻，是制定制度的重要環節。組織管理制度的討論，應注意以下兩點：

⑴管理制度涉及的各個部門都要參加討論。要提前將規章制度的草稿發給有關主管和涉及的各個部門、各位主管，讓他們有時間分析研究、準備修改意見，並把意見帶到討論會上來。

⑵主持討論會的主管要有民主作風。要善於啟發人談自己的見解，甚至要善於抓住尖銳問題挑起爭論。通過爭論，把那些考慮不週到的地方加以完善，使制度更加完整、嚴謹。

10 實施管理制度前注意的障礙

目前各企業的管理制度和方法，有中國傳統式的，有日本式的，有美國式的，形形色色多彩多姿。到底那一種方法才是最適合企業的管理方法，那一種制度才是最好的管理制度呢？

其實，管理制度和方法本身並沒有好壞之分，只有適合或不適合的問題。管理必須講求績效，管理本身並不是目的，而是獲得績效的手段。一種管理制度和方法如果適合企業的情況，就是一種有效的制度，一種好的方法，如果不適合就是一種無效的制度，一種壞方法。管理制度必須配合企業本身的條件及外在環境，才是最好的或最適合的制度。本文將剖析臺灣的企業界，在施行管理制度時，常遭遇的兩種障礙，以供企業界在選擇管理制度的參考。這兩種障礙一種是在施行時，因員工的恐懼，偏見而產生的行為障礙（behaviorbarrier），另一種是隨表格與機構等所產生的制度障礙（systematicbarr-ier）。

施行管理制度時常見的行為障礙分為以下數項。

一、缺乏「團隊精神」。團隊精神也就是「敬業精神」、「合作精神」，一個企業必須具有此種精神，才能持續不斷地發展，否則企業組織，必然會因精神散漫，趨於瓦解，有人說，一個中國人絕不輸於一個日本人，如圍棋國手吳清源、林海峯稱雄東瀛，但三個日本人加起來就絕對比三個中國人有力量。因為日本人三個合起來

是 3X3＝9，而中國人三個在一起卻變成 3÷3＝1，力量自然分散，
原因就是中國人合作的性格不夠。

二、缺乏積極主動的精神。由於目前許多企業不本著「取之於
社會，用之於社會」的精神為員工謀福利。老闆視企業為私有物，
而非公有器，以致造成員工有著「當一天和尚，敲一天鐘」的心理，
凡事不積極進取，不積極參與，採取「不做不錯，少做少錯」的得
過且過敷衍塞責的態度，於是工作意願低落，管理制度推行到最後
往往不了了之。

三、蕭規曹隨的心理。當推行管理制度有的員工唯恐管理制度
將會威脅其本身的利益而心存反對。但由於這是公司的政策，於是
採取觀望態度。上級怎麼指示就怎麼做，或讓別人先做，自己而後
再做，本身並不樂見其成，在工作隊伍裏扮演著唯唯是諾的卑恭角
色。

四、缺乏愛公司心。一方面由於企業無法提供令人滿意的保
障。再方面也由於中國人的特性，一般從業人員對公司的效忠度不
高。在這種情況下就不會有榮辱與共，以廠為家的心理，也就無法
發揮同舟共濟的精神。於是對公司的有形與無形資產根本談不上珍
惜；甚或造成人事流動率偏高的現象。

五、缺乏接受新觀念的精神。經濟學家熊彼得曾說「創新是企
業成長的泉源」，而要創新必須經常接受新觀念。公司裏常有以老
大自居的資深員工，不求新不求變，唯恐新觀念接受不來，壞了自
己資深行家的招牌，因之不熱衷也懶於接受新觀念。此外，有的老
闆唯利是圖，一毛不拔，總認為「民可使由之，不可使知之」，對
員工的在職教育漠不關心，殊不知對員工的教育投資，就是明日企

業的資產。

六、五分鐘熱度。實施之初，也許出於好奇，工作意願高昂，但事隔不久隨之減淡，甚至不了了之。

七、本位主義。任何制度的實施決非祇靠一個部門就能成事。但我們常見，在制度推行時每一部門劃地自限，固步自封，我行我素，終究無法羣策羣力。如何消弭部門之間的本位主義，寅為企業推行制度成功的決定性關鍵因素。

八、派系的抗爭。在公司的經營幹部間，常有派系的抗爭。當某一派系的主管負責推行制度時，另一派系的人為使對方無法順利推行，常加諸惡言、批評，唯恐對方成為當權派，於是使出打擊、澆冷水等手段。此派系的形成實非公司之福，最高經營者實有必要多加留意，一經查覺應立即化解。

九、權貴不分，賞罰不明。當管理者受命推行某一制度時，經營者應大膽授權，並強化其地位，務使其能竭盡所能。如推行成功應予以獎賞。反之，任務無法達成，則應視情形予以懲罰。如此可加強工作人員的責任意識，培養出「不成功便成仁」的決心。但國內企業往往缺乏充份的授權及嚴明的賞罰制度。

十、過於注重形式或格式。我們常見一張報表或單據上蓋滿了好幾道章。然而，誰該負起決定或處置的責任都不清楚。

十一、積習難返。國內許多企業的老闆存有「公司之能有今日成就，先一輩的基礎是不容置疑，他們指出的方向也是不容懷疑。」的觀念。因此，如有人擬引進制度時，總認為不會比前輩的制度高明，或不合前輩所指出的方向而難以認同。

十二、自以為是。我們常見以一己譬大眾，將少數人的想法或

作法，推論為「人同此心，心同此理」的人。由於這些人的狹見，而佼良好的制度未能付之實施。

十三、馬馬虎虎的態度。我們仍存有農業社會的「馬馬虎虎」、「差不多」的態度。這種遇事敷衍的態度是絕不能存在於工業社會的。須知「失之毫釐，差以千里」，所以一定要求精確，才能下正確的決策。像績效的評估如果不精確，必然會使制度難以推行。

十四、溫情主義。最高階層可能有意勵精圖治，可是那些因廠沒有功勞也有苦勞丿而被拔擢身居中間階層的管理者，往往會在「族業元老」的心態下，將決策者的本意，打了一個大大的折扣，或者將一個全新的決策理念，作傳統的詮釋與實行，而使嶄新有效的一套制度變成欲振乏力的模樣。

十五、人性的忽略。一般工廠的作業員均存有自卑心，同時工會力量不強，使得員工心聲無法伸張，日積月累造成員工「不關心、不賣力、不負責」的三不主義。

心得欄 _____

_____

_____

_____

_____

_____

11 充分調查問題，擬訂制度草案

經常聽到管理者抱怨員工沒有很好地執行制度，雖然這與員工本身有關，但制度本身也可能存在問題。比如，在制定制度的時候，管理者沒有進行客觀的調查，沒有經過充分的討論，沒有徵求過員工的意見和看法，導致制度存在不周到的地方，難以服眾。這就會影響制度執行的效果。如果在制定制度時注意這些問題，嚴格按照流程來制定，爭取大家的支持和認同，那麼制度制定出來後，就容易得到貫徹和實施，制度對公司的發展才會產生積極的作用。

A 割草公司曾安排員工負責一大片草坪的割草工作，開始的計酬制度是按工作日結算工錢。在這種情況下，工人每天割5000 平方米草坪。

幾天之後，公司的總經理發現：如果按這種速度割下去，會耽誤後面的工期，公司將無法按時完成任務。於是，他到現場觀察員工是怎樣割草的，一看他就明白了，原來員工在割草的時候有些懶散，慢悠悠地。

於是，總經理和工人商議：從下一個工作日開始，按照每天割草的面積計算報酬。說完他就回到辦公室，要求財務部擬訂定價標準，遵循的原則是：擬訂出來的標準要保證工人每天賺的錢比之前多一些，以激發工人割草的積極性。

定價標準擬訂之後，總經理再次到現場觀察工人割草，發

現他們比之前積極多了。結果新制度執行的第一天工人就割了
8000 平方米草坪。第二天他們工作積極性更高，一天下來割了
10000 平方米草坪。很快草坪就割好了。

　　這件事讓總經理意識到，按工作完成量計酬是調動人的積
極性的重要手段。於是，他召開全體員工會議，將公司的薪酬
計算方式定為基本工資加績效工資，並安排財務部擬訂績效工
資的標準，最後，將這個標準、薪酬計算方式等列入公司的制
度，在公司內部公開，讓大家遵守。這一改變得到了員工支持。

　　A 割草公司沒有引誘員工們大發善心，也沒有設立監督機
構，而是非常明智地對原有制度做了一個創新性的修改，問題
就迎刃而解了。為什麼吉姆割草公司能制定切實可行的制度
呢？因為公司總經理做了實地調查，找到了問題的根源──員
工沒有積極性，不顧工作完成量，而是把時間消耗了。這就為
制定新制度找到了依據。

　　假如公司總經理沒有經過實地調查，憑空猜想問題根源在
哪裡，然後貿然地修改決策，是很難從根源上解決原有問題的。
這就提醒了企業的管理者們，當公司原有制度出現問題時，管
理者首先應該調查問題、研究問題，只有這樣才能制定出適合
企業現狀的制度，也才能「藥到病除」地把問題解決掉。

　　試想一下，如果吉姆割草公司總經理發現員工積極性不
高，工作效率低下，就對員工進行語言上的激勵，呼籲員工要
積極工作，恐怕很難調動員工的積極性。如果公司發現員工工
作積極性不強，語言激勵又無效，於是派人監督，這也很難從
根本上解決問題。因為派專人監督，也是需要費用開支的，而

且監督者也有可能睜一隻眼，閉一隻眼。也就是說，實地調查，修改制度，才是解決問題的根本辦法。

為了制定適合企業的制度，避免無的放矢，避免大炮打蚊子，費力不討好，大材小用。具體該怎麼做呢？

1.帶著問題去調查，盡可能找到問題的根源，制定應對措施

當公司出現問題時，管理者最好親自去調查，針對問題分析深層原因，然後制定一套管理制度。在制定制度的時候，要考慮這樣幾個問題：制度規定的是什麼？如何做到？要達到什麼效果？如果沒有按照制度規定按時完成任務，會受到什麼樣的懲罰？

2.要想制定好制度，還應該考慮公司的外部環境和當前狀況

要想建立一個適合企業的制度，管理者除了針對具體問題做調查外，還要結合公司的外部環境做研究，不能把公司制度和外部環境割裂開來。要知道，企業不是一個孤立的個體，員工也不是孤立的，公司隨時會受到外部環境的影響。所以，結合外部環境來制定制度是很有必要的。另外，管理者還需要針對公司目前的狀況進行分析，就像幼稚園、小學、初中等機構有不同的管理制度一樣，管理者也應該針對企業所處狀況的不同，制定不同的管理制度。

3.制定制度不要泛泛而談，要有具體的實施方案

制定制度不能泛泛而談，而要有具體的實施方案。例如，你允許員工在家工作並制定了相關的制度：「如果想在家工作，必須提前三天告訴人事部經理」，「如果每個月有 5 天以上在家工作，必須得到總經理的同意」。這就是具體的實施方案。

12 撰寫制度條款的具體重點

公司在制定制度的時候，出現捨本逐末、表述繁冗的現象是非常普遍的。作為管理者，應該避免什麼樣的情況出現呢？具體應該怎麼做呢？

1. 要抓重點，戒捨本逐末

有些制度條文中列舉了大量無關緊要的內容，削弱了制度重點內容的分量，這是很明顯的「喧賓奪主」。再說了，細枝末節多了，既不便於記憶，也不便於執行。員工可能糊裏糊塗，不知道公司的葫蘆裏賣的是什麼藥，執行起來就很容易走樣。

要想避免這種錯誤，管理者就應該搞清楚制度設立的目標，把最重要的目標提煉出來，然後針對這種目標去擬定條文，與這個目標關係不大的內容，絕不寫入制度中去。這樣做能夠很好地突出制度設計的重點。

2. 要簡明扼要，避免咬文嚼字

編寫制度條文的目的是讓員工執行，如果制度條文冗長，語言生硬，語義含混不清，令人無法理解，那麼又談何執行呢？比如，某公司的《安全守則》中，有這樣一條：「公司廠區內不得燃放可燃性或容易導致燃燒的器具。」這句話就顯得繁冗生澀，讓人不好理解。其實，只需要用七個字就能概括其意——廠區內嚴禁煙火。

在制定制度的時候，管理者一定要明確一點：制度是針對全體

人員的，制度本身的語言描述應該簡明扼要、通俗易懂，讓大家知道制度的具體要求是什麼。這樣，大家才有可能把制度執行好。

3.內容要具體，避免讓人產生誤解

制度是否明確具體，直接體現管理者的水準。內容具體的制度才不會讓人產生錯誤的理解，才會減少執行過程中的偏差。所謂具體，是指規定允許做的事情和不允許做的事情。一旦違背了規定，就要受到一定的懲罰。一定要在制度中明確體現違背制度所受到的懲罰。

現實中，很多企業制度在內容限定上很模糊。更嚴重的是，違背了制度應該承擔什麼責任，沒有事先的約定。比如，我們經常看到草坪上有「請勿踐踏草坪」的標語，但在標語旁邊，經常也能看到清晰的被人踐踏留下的小道。標語本身就相當於一個制度，是禁止人們這樣做的，但是為什麼還有人明知故犯呢？因為沒有約束，沒有懲處。踩踏草坪應由誰來承擔什麼責任沒有講清楚，在這種情況下，制度就不可能得到很好的落實。

因此，管理者一定要問自己一個問題：制度是用來做什麼的？制度是規範人們的行為的，讓人們按照一定的標準去行事的。如果沒做到要承擔什麼責任？是扣獎金、扣工資、降級，還是直接走人？當然，這只是一個比方，但無論怎麼懲處，都應該有明確的條文。

13 要向相關負責人講明制度內容

　　有些管理者往往在制定了公司某項制度之後，本應該指定某個員工來負責，但很多企業管理者卻往往沒有指定專人來負責任。這就導致了制度和一些決策的執行不到位，從而讓企業難以發展壯大。

　　德國一家高科技公司曾經在商場中擁有很高的地位，但是卻因為一次合併使其失去了在商場上的霸主地位。這主要是因為這家公司在與其他公司合併之後，這家公司的董事長根據不同的部門和工作制定了一系列的經營制度和決策。但是這位元董事長卻沒有明確這些任務目標由誰來負責。表面上是將制度和方針制定出來了，要大家一起遵循，但卻沒有授權某個下屬去負責和細分某項制度，這樣的執行力自然就會下降。而就是因為這次的失誤，導致了對方終止與該公司的合併協議。對策要進一步明確該由誰負責，這樣才能保證執行到位。

　　企業管理者的任務不僅僅是要將制度、任務和目標進行細分，還要將這些任務進行進一步的分工和明確。只有落實到個人，才能讓制度執行得更加有力。如果空有一堆制度，沒有具體的負責人，那麼所有的員工很可能會誤解制度的含義，在執行的時候，就會出現一些困難。同時，如果管理者不將制度具體到某個負責人，那麼員工的工作就沒有了約束力，其積極性也會大打折扣，在執行制度

的時候就會偷工減料。

當企業管理者在制定了某項制度之後，往往一味地認為所有員工都能理解自己的意圖，因而就沒有向相關負責人說明該項制度的詳細內容，這樣一來，企業管理者雖籠統安排了任務，但相關負責人和員工卻無力理解，上下不夠協調，執行的結果也自然會有很大的出人。

一家較為成熟的化妝品公司由原來的專一經營日用化妝品發展成為專一經營一些高檔護理產品的公司。隨著經營規模的不斷擴大，該公司老總決定新成立一個部門，專營女性高檔奢侈品的代理。而這個部門成立之後，隨即便挑選出了一位業務能力較強的人來擔任部門經理，而且還制定了一系列相關的新制度。但是這個看似十分有潛力和市場的部門卻總是不能取得一定的業績。究其原因，它的問題是企業管理者沒有與這個部門的負責人充分地講解新制度的詳細內容，其制度為什麼要制定，該怎樣落實。所以，這個部門經理也就無從下手管理，甚至誤解了新制度的含義。

企業管理者在宣佈一項新制度之後，不能簡單地認為員工都能十分清楚自己的意思。大多情況下，一旦管理者不向負責人員具體地細分這些制度的任務及具體的內容，那麼很可能會導致這些新制度不能如期按照最初的想法執行，從而會大大影響執行力。

14 公司制度化文件的撰寫要求

1. 企業管理制度的篇章結構

企業管理制度的篇章結構，一般由導語、條款、實施說明三個部分組成。具體結構，因其本身的性質、內容不同而異，常見的形式有以下四種。

(1)分章命題，下列條文

這種結構形式，首章通常為總則，闡述制定規章制度的依據、目的、適用範圍等。中間各章為規章制度的具體內容。每一章可分為若干條，每一條可分為若干款。末章通常為附則，說明這部分規章制度的權威程度、修改和解釋許可權、生效時間及其他有關要求。

(2)分段標題，逐條敍述

這種結構形式一般在前面有一段導語，說明制定制度的目的、依據，適用範圍等，然後分段標題，逐條敍述。一般會在末段附上實施說明。

(3)開門見山，全篇列條

這種結構形式，從開篇到結尾都是條文。第一至二條為制定制度的目的、依據，中間各條為具體內容，末尾一至二條為實施說明，寫明修改和解釋許可權、生效時間等。

(4)只寫編號，不列條款

這種結構形式與第三種形式相似，不同點在於這種結構形式只

有編號,沒有條號。相對來說,這種結構形式比較靈活,開篇可以寫一段導語,也可以不寫,結尾可以寫實施說明,也可以不寫。

2.公司管理制度的撰寫要求

公司管理制度是關於從事與公司生產經營活動或工作有關的具體規定的文件,具有嚴肅的法規性質,公司管理制度生效後必須嚴格遵照執行。所以撰寫公司管理制度的各項條款,務必明確、準確、具體。撰寫要求如下:

①分門別類,條理清楚,層次分明,一目了然。

②前後連貫,邏輯嚴密,考慮周全,措施具體。

③文字洗練,表意清楚。行文莊嚴,樸實無華,簡明扼要。不宜使用描述、抒情之類的文字,也不宜使用形容詞和文言文。

④措辭用語要注意分寸,準確反映客觀實際。有關資料要經過反復調查核實。確定界限時用詞更要準確,必要時可用括弧注明。

⑤通俗易懂,不使用生僻字,不使用轉彎抹角的句式,尤其要避免使用讓人捉摸不透的易產生歧義的詞,不生造一些令人費解的縮略詞語。

⑥標點符號的使用要合乎規範,避免因標點符號不準確而影響文意的正確表達。

3.公司制定管理制度的七條戒律

公司規章制度是組織和管理現代公司的重要手段,這一手段運用得好壞將直接影響公司的生存與發展。同時會直接關係公司的經濟效益。牢記公司管理制度制定的七條戒律,能更好地避免管理制度制定的失誤。

①草率從事。為了應付上級草草制訂出一份管理規章,根本不

向公司員工宣佈，當然更談不上執行。

②與法規抵觸。有的規章制度條文與現行政策、法令和政府的規定相抵觸，是無效的。

③違背常理。如果管理制度規定過於苛嚴，以致員工大都難以做到，懲罰措施過重，容易導致員工抗拒心理，有礙制度的執行和公司穩定。

④自相矛盾。上下條文互不銜接、自相矛盾，讓人無所適從。

⑤咬文嚼字。文字冗長，語言生硬，表意不清，令人難以領會。如某公司《安全守則》中有這樣一條：「在禁區內不得燃燒可燃物或促使致燃的器具」，其實用「禁區內嚴禁煙火」七個字就能更好地表達其意。

⑥捨本逐末。列出大量無關緊要的條文，「喧賓奪主」，降低了重要條文的分量，細枝末節的條文過多，不便記憶，影響管理制度的執行。

⑦尺度失當。條文過寬，起不到約束作用；或條文過於具體，實際工作中又難以執行，或執行起來反而降低效率。

15 管理制度細化為可執行的流程

管理顧問說：「你所要做的事，如果以前有人做過，你最好把這個人找出來。如果你能把他的成功經驗流程化，然後按流程去執行，你就一定可以提高績效。」這句話充分肯定了按流程辦事的價值。

體育專家曾對幾位奪得過 110 米欄的世界冠軍進行了分析，並將他們連續複雜的動作分解為簡單的步驟。最後整理出簡明的、可參照的訓練流程，然後指導 110 米欄的運動員按照這個流程訓練，結果運動員成績提高很快。這就是按流程辦事帶來的高效率。

世界 500 強公司、跨國公司的員工為什麼那麼有執行力？其實，真正的原因是那些公司能夠把制度細化為可以有效執行的流程，簡單地說，他們推崇按流程辦事、按流程執行。所謂流程，就是做事的步驟和程序，有了清晰的流程，員工就明確了崗位職責和執行標準，執行起來就可以少走彎路，執行效率也會大大提高。

流程就是執行的工具，如果你的員工都能按流程執行，那麼他們的執行力就會體現出來。這就是為什麼越是優秀的企業，越重視流程化辦事。因為他們嘗到了按流程辦事的甜頭，發現了流程化對企業發展帶來的作用。

按流程、按標準執行看似煩瑣，實際上保證了工作品質。也許有人覺得按流程執行太過死板，太過教條，太過循規蹈矩，於是他

們自作聰明地省掉某些看似不必要的流程，以為這樣可以加快執行進度，卻不知，執行少了一個環節，就多了一分安全隱患。

把制度細化為可以有效執行的流程，嚴格按流程辦事，不僅是一種工作要求，更是一種工作精神或者說是一種企業文化。這家飯店的老闆為我們做出了榜樣。

細化制度，並按流程執行，不僅關係到個人的執行力，還關係到團隊的執行力。有了流程化的執行標準和制度規範，員工才會明確各自的職責，才不會越位、錯位、缺位，這樣的團隊才有執行力和戰鬥力。

16 企業規章制度要及時完善

只有規章制度完善，才能使人們有法可依，有章可循；一旦觸犯這些條例，就會受到相應的制裁。一套好的規章制度，甚至要比添幾個主管還頂用得多。

一個好的規章制度，必然是不斷發展、不斷完善的。這樣的規則是活的規則，也只有活的規則才有意義。

規則必須要完善，在管理下屬的諸項準則中，這一條至為重要！

通俗點說，規章制度就是言明什麼事做得，什麼事做不得；在做得的事情中，應該怎樣去做；做不得的事情如果做了，會受到什

麼樣的懲罰。

以上講的是在制定能讓大家信服的規章制度時所應注意的問題。但難點不在於如何制定規章制度，而是如何保證此規章制度真正有效地實行和落實。首先，主管者自己要起帶頭作用。如果你身為公司的主管者，視規章制度如兒戲，則不能想像下屬們會遵守它。在這裏，「只許州官放火，不許百姓點燈」的做法，是絕對要不得的。

其次，要建立群眾及輿論監督機制。讓違規者曝光不失為一個好辦法，讓大家知道是誰在損害大家的利益。這樣，輿論的力量就可以讓違規者無地自容。

再次，要傾注心力企業文化建設，這才是公司長治久安的解決辦法。如果在公司內部形成了「遵守規章制度可敬，違反規章制度可恥」的氣氛，那誰會斗膽去觸犯它呢？即便觸犯了，不用你出面，也會有人站出來與之鬥爭。這都需要長期地對員工進行職業教育，並且讓他們看到，如此做在公司內就會得到好處，而不這樣辦就會受到各種各樣的懲罰。

17 制度面前，一視同仁

歷史上廣為流傳的「孫武吳宮教戰」，「孔明揮淚斬馬謖」都是拋開私人感情，賞罰分明的好例子。

老闆在管理下屬的時候，一定要做到賞罰分明，不要摻雜任何私人感情。賞罰分明，在管理過程中不夾帶任何私人感情，也是樹立主管權威的一種好方法。

一個成功的老闆，在處理公事時絕不能夾帶私人感情，尤其是在決定員工去留的問題上，更要一碗水端平。即使你與這位員工的私人感情再好，也不能因此網開一面。但是這也不是意味著要冷漠無情，可以換種方式，私下裏採用其他方法幫助員工。

老闆要樹立起自身的威信，使員工信服自己，就必須在制度面前拋棄私人感情，對待員工一視同仁，做到公平公正。

在某工廠的生產工廠門口，門衛提醒前來視察的上級戴上安全帽，但是卻被惡狠狠地瞪了一眼：「懂不懂規矩，沒看到主管來視察嗎？」門衛無奈地賠笑道：「對不起，對不起！」某公司會議室的牆壁上有一個醒目的標語：進入會議室請關手機。但是有些卻沒有這麼做，開會時經常有短信或電話鈴聲響起，還公然在會議上接聽電話、回復短信，對牆上的標語視若無睹。

從這件事中，我們看到了一些管理者的特權思想，他們把自己凌駕於制度之上，在用制度管人的同時，自己卻不遵守制度，當了

員工的反面教材。如此一來,制度就缺失了公平性,員工感受不到公平感,工作積極性就會受到影響,工作效率也會降低。因此,優秀的管理者都懂得維護制度的公平性,以保護員工的工作效率。

維護制度的公平性首先要從管理者自身做起,自覺地遵守制度的規定。

《三國演義》裏有一個「曹操割髮代首」的故事:

為保護農民的利益,曹操傳令三軍:經過麥田時,不得踐踏莊稼,否則一律斬首。這一天,曹操正帶領軍隊征討張繡,一隻斑鳩突然飛過,曹操的坐騎受驚而躥入麥田,踏壞一大片麥子。曹操要求行軍主簿對自己進行軍法處置,主簿十分為難。曹操卻說:「我自己下達的禁令,現在自己違反了,如果不處罰,怎能服眾?」當即抽出佩劍要自刎,左右隨從急忙解救。這時謀士郭嘉急引《春秋》「法不加於尊」為其開脫。此時曹操說:「既《春秋》有『法不加於尊』之義,吾姑免死。」但還是拿起劍割下自己一束頭髮,擲在地上對部下說:「割髮權代首!」叫手下將頭髮傳示三軍。將士們看後,更加敬畏自己的統帥,沒有出現不遵守命令的現象。

在制定和執行制度的時候要始終堅持制度面前人人平等的原則,特別是在執行制度時要一視同仁,誰都必須遵守,尤其是企業的管理者必須率先貫徹執行。如果在制定和執行制度的時候,忽略了公平公正這項基本原則,那麼企業的管理制度將成為一紙空文,成為粉飾自己的「花瓶」。

對企業來說,一套完備的規章制度是必不可少的。但制度建立後的執行還需要我們付出更大的努力,更多地去維護、去完善。「制

度面前人人平等」的原則誰都懂，但很少有人能夠真正將其落實到自己的行為當中！執行一次兩次不難，難的是長期堅持執行。「把簡單的事堅持做好就是不簡單，把平凡的事堅持做好就是不平凡。」因為我們所有的人都有一個成功的夢想。

　　制度是一種要求大家共同遵守的辦事規程或行動準則。對於企業來講，制度其實就是告訴員工正確做事的方法。因此，制度的第一屬性就是全體成員的「共同遵守」。只有有了共同遵守，制度才在現實上有了意義。制度的落實離不開團隊成員的協同合作和共同努力。

18 精簡制度的流程

　　在快速變化的市場環境下，企業要想在競爭中高奏凱歌，就要想辦法提高執行力，而這需要制定嚴格的控制制度，為提高決策的執行速度保駕護航。具體該怎麼做呢？

1. 精簡辦公流程，減少不必要的環節

　　公司的制度中最好有這樣的條文：精簡辦公流程，減少不必要的環節，節省辦公時間，高效完成任務。所謂精簡辦公流程，是針對有些企業過於官僚主義的做法，比如，員工 A 有好的想法、好的發現，想提供給公司。公司卻在這方面設置了重重關卡。

　　A 先跟直接上司 B 說明或向他提交書面說明，然後由直接上司

向上面 C 甚至 D、E 反映，最後再由 C、D、E 向 B 回饋，B 再向 A 回饋。這樣一套程式走下來，少說也要幾天的時間。如果最高管理者很忙，員工 A 的想法和發現就會被擱置在那裏。這樣不僅會影響企業執行力的提高，還會打擊員工向企業提建議的積極性。

IBM 公司的制度規定：員工如果有想法和不滿，可以直接向最高主管提。這樣中間省掉了很多不必要的、浪費時間的環節，能有效地提高辦事的速度和效率。

2.優化內部機制，激發員工的主動性

公司有必要思考一下自己的計酬制度是否能充分調動員工的主動性和積極性，是否給員工創造了偷懶卻不損失利益的機會。比如，按天計酬就很容易讓人偷懶，因為幹多幹少都一樣，這種制度容易滋生「當一天和尚撞一天鐘」的不良思想。相反，按工作量來計酬則能充分調動員工的主動性，主動性提高了，執行速度自然就快了。

3.將大目標分解成小任務，讓每個人都負責

很多時候，一項任務的執行不是一個人能完成的，這就需要分配任務和責任，需要互相監督和配合。在配合中，每個員工之間的關係就像一隻木桶的所有木板，任何「一塊木板」拖延、懶惰、敷衍工作，都會導致整個任務的完成速度降低。因此，公司制度應該針對此類問題制定嚴格的處理標準。比如，把大目標分成小任務、小環節，分配到每個員工手上，大家都要對自己的任務負責，哪個環節出了問題相關的人要負責。這樣每個員工都不敢怠慢，不敢鬆懈了。如此一來，團隊的執行效率就提高了。

19 確保制度內容的合理性

甲、乙、丙三人組成一個小組，要執行植樹的任務。有一天，出現了這樣的場景：甲在前面挖坑，丙在後面馬上填土。

路人非常奇怪，就問：「你們在做什麼？」

丙說：「我們在植樹！」

路人更加迷惑了：「植樹？哪里有樹啊？」

丙說：「我們三人小組是有分工的，甲挖坑，乙放樹，我填土，但是，要放樹的乙今天有病請假了。」

有不少管理者在企業管理中，就面臨過這樣的尷尬局面。大家在談要重視制度、重視規則，但真正落實的時候，卻總是發現制度不像自己想像的那麼好用。於是，一些原本表示要實行「制度化管理」的企業，後來不得不又甩開了制度。E公司本來希望通過績效考評制度來激發員工的工作積極性，從而提升公司的業績，結果發現，績效考評制度不但沒有按照預期的效果提升公司業績，還導致了員工頻繁流動，使得績效考評制度成了燙手的山芋，E公司也不得不決定拋棄這個燙手的東西。

其實，制度本身並沒有錯，如果我們在執行中發現制度出了「問題」，那麼通常有這樣兩個原因：一是制度是否合理。制度只有與潛在的客觀規律相吻合，才有生命力；制度並不是按照公司的程式走個過場、變成書面檔後，就一定是正確的。所以，要制定出切合

實際、有利於提升生產效率的制度，離不開我們持續、深入地調研。

另一個原因是制度是如何實施的。執行的方式不到位，那麼制度再完美，也只能被束之高閣，僅作觀賞。

企業管理者要帶頭重視制度建設，並在管理實踐中積極發揮制度的力量，強調「法治」，規避「人治」。誠然，「人治」在企業創建初期，一定程度上具有效率比較高的優點，但隨著企業的逐步壯大，如果企業希望繼續發展，那麼，制度管理就是企業的不二選擇。實際上，即使在一些「人治」盛行的企業裏，也可以看到一些制度的影子，因為一個人要想做對事、做好事，離不開對規則的遵守與應用。為了避免在制度管理中被制度所「束縛」，可以參考以下：

1. 確保制度內容的合理性

在制定制度的時候，一定不要想當然，不要認為自己受過多麼高深的教育、擁有多麼顯赫的學歷、具備多麼豐富的閱歷就輕視集體的力量，而且制度的內容要得到廣大員工的明確認可。在必要情況下，管理層可以做出評測問卷，讓員工對制度提出自己的意見。

2. 執行制度的方式要合適

制度出爐後，接下來便是執行。如何保證執行到位？我們可以在公司內部開展制度學習，解決員工對制度的疑問。過去，曾經有人提倡企業管理中的「絕對服從」，而現在員工的學歷、綜合素質普遍提高，我們過去管理員工的方式也要有所調整。事實證明，員工理解制度越深入，執行就會越到位。除了從正面激勵員工執行公司的制度以外，我們還可以採取監督制度，嚴格把控員工的執行品質，從而使得員工的行為都能夠朝向公司期待的目標，同時還能讓員工在制度的範圍內盡情地發揮自己的才智。

20 企業的掌控：公司法人與股權分配

很多企業，都會面臨人事管理難的問題，頂級人才不會幹得太久，能力差的卻又不想走。該留的留不住，該走的走不了，著實讓許多的企業家苦惱不已，問題到底出在那裏呢？如果你看過電視劇《喬家大院》，也許就會明白了。

這是一部根據真人真事改編的歷史劇，講述的是在烽煙戰火彌漫的晚清社會，一代晉商闖蕩天下，開闢商路，為追尋「匯通天下」的理想而積極奮鬥、永不放棄的歷程。劇中棄儒經商的喬致庸，以「義、信、利」為本將其所主持的家業發展到了極致，直至「匯通天下，貨通天下」之盛況。但是，即使喬致庸做得再好，也沒能避免上面所談到的問題的出現。

最能幹的夥計馬荀向喬致庸要求辭號，並且遞上了辭呈。看著辭呈，喬致庸想問個明白。可馬荀不太願意透露實情，只是說想走，於是喬致庸就同意了馬荀的請辭。但是孫茂才卻勸說喬致庸留下馬荀，畢竟馬荀在全包頭都算是很搶手的人才，於是喬致庸讓孫茂才處理這件事情。經過一番努力之後，馬荀說出了實情，他解釋說這是慣例，徒弟滿師後都要離開，因為別家給的薪金更高。但是掌櫃在生意裏頂著一份身股，不但平日裏拿薪金，到了四年賬期還可以領一份紅利，所以做掌櫃的沒人辭號。徒弟做滿要出師了，但是師傅（掌櫃）卻不走，造

成沒有空缺可頂用人才。

　　喬致庸從馬荀那裏瞭解到實情後，遂大刀闊斧地重修店規，並破天荒地決定：以後凡是學徒四年出師，願意留在店裏當夥計的，一律頂一厘的身股，也就是說年終可分得 120 兩銀子的紅利，以後逐年按勞績增加。這一招很管用，辭職風波徹底平息了，不但穩住了夥計留住了人才，有的還替東家出了賺大錢的主意。之後喬家的生意蒸蒸日上，是與夥計們的齊心協力分不開的。

　　我們看到，喬致庸的身股變革，成功地解決了員工四年學徒出師後就走人的惡性慣例，不但馬荀不走了，大傢伙都不走了。他們為什麼又不走了？身股的吸引，幹活不僅是給東家幹，也是給自己幹。作為東家，喬致庸之所以願意把一部份利潤分給部份夥計，是因為他還可以從這些人身上獲得更長遠、更多的利潤，為利潤而讓利潤，他是非常樂意的。因為，雖然工資成本增加了，但是喬致庸得到的更多。

　　喬致庸是用「身股制」保證了夥計的忠誠，把一批一批的優秀夥計變成了外姓的自家人。這種「身股制」實質上是一種長期利益分配的激勵機制，它激發的不是一陣子的積極性，而是一輩子的積極性。因為，員工一旦頂上了股份，個人的利益就與企業的經營效益緊密聯繫起來，企業效益好了，自己才會得到更多的好處。這樣就有效地激勵了員工的工作熱情，也增強了企業的凝聚力。

　　所以，解決好股權分配問題，一好百好；解決不好股權分配問題，一損俱損。作為企業的一把手，都希望能夠掌控企業的未來與

發展，而不希望被架空。那麼，怎樣才能避免這種「篡權」呢？其實很簡單，權力就是實力，股權就是實權。沒有股權，生存能力都有可能被奪取，更談不上怎樣去懾服別人，胡志標的失威就在於他沒有手執利劍。所以，如果說商場如戰場，那麼擁有股權就是手握兵權。要想掌控有方，就要懂得股權設計的原則。

21 保持制度落實的連貫性

在企業發展過程中，經常有「一朝天子一朝臣」的現象，即前任管理者制定的規章制度，隨著他的離去而被後來的管理者推倒重來。暫且不論後來者制定的規章制度多麼科學合理，單單從推倒重來這一點來看，就很容易讓整個公司陷入制度斷層、員工重新適應制度的混亂之中，這往往會給公司發展帶來危機。

當年清軍和明軍在遼東對壘時，明朝守將熊廷弼治軍嚴屬，令清軍在對壘中占不到半點便宜。但由於受到了奸臣的誣陷，熊廷弼被辭去守將一職。

新任守將袁應泰是文官出身，對帶兵打仗一知半解，上任之後肆意妄為，更改了熊廷弼制定的嚴格軍令，還打開城門把饑民放入城中，加以撫慰。

原以為這樣可以贏得民心，卻未曾料想，隨意更改制度釀成了大禍。因為很多清軍混在難民中進城，與努爾哈赤裏應外

合，一舉攻破瀋陽、遼陽。見守城失敗，袁應泰自縊身亡。正是這次清軍入關，奠定了努爾哈赤在遼東的根基。不久之後，清軍定都瀋陽，開始與明朝分庭抗禮。

袁應泰未經考察，就隨意更改制度的做法，一下子破壞了制度落實的連貫性，最終他為自己的錯誤行為葬送了性命，明朝也由此失去了穩固的統治根基。

心得欄 --------------------------------

第 四 章

企業如何宣傳制度化

1 加強規章制度的宣傳教育工作

　　春秋時期，楚國令尹孫叔敖在苟陂縣一帶修建了一條南北水渠。這條水渠又寬又長，足以灌溉沿渠的萬頃農田，可是一到天旱的時候，沿堤的農民就在渠水退去的堤岸邊種植莊稼，有的甚至還把農作物種到了堤中央。等到雨水一多，渠水上進，這些農民為了保住莊稼和渠田，便偷偷地在堤壩上挖開口子放水。這樣的情況越來越嚴重，一條辛苦挖成的水渠，被弄得遍體鱗傷，面目全非，因決口而經常發生水災，變水利為水害了。

　　面對這種情形，歷代苟陂縣的行政官員都無可奈何。每當渠水暴漲成災時，便調動軍隊去修築堤壩，堵塞涵洞。後來宋代李若谷出任知縣時，也碰到了決堤修堤這個頭疼的問題，他

便貼出告示說:「今後凡是水渠決口,不再調動軍隊修堤,只抽調沿渠的百姓,讓他們自己把決口的堤壩修好。」告示貼出以後,再也沒有人偷偷地去決堤放水了。

故事背後的寓意卻值得我們深思。如果在推行一項制度之前,就把這當中的利害關係對執行者講清楚,他們也許就不會為了自己的私利而做出損害企業利益的事情了。

在實際工作中,很多管理者只管埋頭制定制度,制度下發之後就不聞不問了,不學習、不貫徹、不領會,這就失去了執行制度的基礎。

制度制定出來,並不是發佈完之後就萬事大吉了。執行者對制度內容的理解和認同是關係到制度執行與否、執行好壞的關鍵。

我們知道,各種資訊在傳遞過程中總會發生一定的衰減,如果在傳遞過程中不有效地增強信號,到終端時信號會衰減得很厲害,甚至失去了使用價值。而對制度的宣傳教育工作就起到了一個增強資訊的作用,保證制度執行者對制度內容有充分的理解。

企業的各種制度應該通過適當的、正式的和順暢的資訊管道發佈。在發佈制度時,制度制定者應提出這樣的問題:我們所說的,他們能夠聽得見嗎?能夠聽得全面嗎?能夠「原汁原味」地理解,並將其記住嗎?對於架構複雜、層級眾多的大型企業集團,資訊鏈條長,資訊傳播的失真度高,則尤其應該注重制度的傳播管理工作。

應該充分利用多種資訊傳播工具,特別注意資訊管道的可選擇性,以避免過多無關資訊而使接受物件產生選擇疲勞。使用電腦網路建立制度公佈和管理的資訊平臺,並建立制度學習的責任矩陣關係,是比較可行的方式之一。建立資訊讀取的責任機制,如接收簽

名、閱讀登記等，也有利於制度資訊的有效傳達。

　　更重要的一點是，制度不但要傳達到位，而且要促使管理物件理解到位，這就需要建立和完善企業制度的培訓職能。要給員工創造合適的學習環境，使他們更多地接觸到制度化管理的內容。只有向制度執行者提供及時的學習機會和諮詢支持，才能促使其全面理解制度要求，掃清認知障礙，從而各種規章則潛移默化地進入他們的主觀意識。

　　另外，還應建立定期的制度「應知應會」考核，強化制度執行者對制度內容的記憶，有助於其在日後工作中具體執行。這也是一件常抓不懈的工作。

　　總之，對制度的宣傳與教育過程既是學習的過程，又是領會與理解的過程。制度宣傳與教育的效果直接影響制度的執行效果。我們對規章制度的宣傳教育工作要形成制度化、長期化和專業化，宣傳貫徹到制度所涉及的各個部門和員工，並且讓這樣的學習和教育成為一種常態。通過宣傳教育工作，使員工充分認識企業制度化管理的重要性，強化全體員工的制度觀念和制度管理意識，改善企業推行制度化管理的環境，使廣大幹部、員工從被動執行變成主動自覺執行，達到從內心深處樹立起規則的權威的目的，使企業逐步走向制度化管理。

2 落實制度的第一步是宣傳

公司的各種規章制度不能成為擺設，為了發揮企業制度的效力，首先要讓每一位員工感受到制度的真實存在。為此，必須打贏制度落實宣傳戰，讓大家對制度看在眼裏、放在心上，最終落實到工作中去。

1. 落實制度的第一步是廣泛宣傳

任何一項制度制定出來，並不是將手冊發給員工就結束了。員工對制度理解和認同是關係到制度落實與否、落實好壞的關鍵。因此落實制度的第一步就是廣泛的宣傳。

制度的推行，不能「霸王硬上弓」，要給員工瞭解與學習的過程，讓他們認識到，新制度的推行將會為大家帶來的意義。公司的制度應通過適當的、正式的和順暢的資訊管道發佈。制度制定者應提出這樣的問題：「我們所說的，他們能夠聽得見嗎？能夠聽得全面嗎？能夠『原汁原味』地理解，並將其記住嗎？」在對制度進行宣傳時，公司應該特別注意資訊管道的可選擇性，以避免過多無關資訊而使接受物件產生選擇疲勞。另外，還應建立定期的制度「應知應會」考核，強化制度落實者對制度內容的記憶。這是老闆應該常抓不懈的工作。

［贏在落實］制度定好了，就要讓大家知道，尤其是對新來的員工，老闆更要派人做好宣傳工作，讓他們有規矩可循。

2.把規章「刻」在意識裏

蘋果電腦公司創始人史蒂夫‧約伯斯說:「一旦你有了孩子,就會自然而然地意識到每個人都是父母所生,應該有人像愛自己的孩子那樣愛他們,這聽起來並不深奧。但是許多人忽略了這一點。」

很多公司雖然把員工手冊都發下去了,但是能把工作制度說上三五條的人寥寥無幾。管理者每次例會都要陳詞老調的重複制度,而員工們依然敷衍搪塞,沒有任何起色。面對這種混亂的局面,最好的處理辦法就是從小處入手,培養員工的「規章」意識。

員工對制度的不重視,間接地說明了他們的工作態度,從小見大,管理者從日常的小事人手就能夠發現員工的內心和修養。此外,培養員工休養的同時灌輸制度、紀律的意識。

3.發揮榜樣的引導作用

員工在崗位上取得成就以後,要把他的成功故事整理出來,宣傳他的事蹟,從而讓員工產生責任感。

(1)讓員工講述自己的成功故事。

管理者需要拿放大鏡去看員工的事蹟,只有講員工的故事,對員工才有更大的激勵。

(2)舉行隆重的獎勵儀式。

對於那些業績突出的員工,公司應該給他們舉行隆重的獎勵儀式,讓員工更有責任意識。

(3)利用宣傳欄、錄影的形式宣傳。

對於典型的優秀員工,公司要大力宣傳,可以在公司的重要位置設置宣傳欄,讓更多的員工看到,引發員工對公司的感恩。

優秀員工是大家學習的榜樣。員工所在的部門,也會產生榮譽感,進而產生更大的責任感。

[贏在落實]樹立典型,是團隊管理的法寶。從普通員工中間發現榜樣,並大力宣傳推廣,能對廣大員工產生震撼,並潛移默化地引導大家做好自己,對崗位工作盡到自己的職責。

4.有效的落實從溝通開始

制度是死的,溝通是活的。沒有有效的溝通,再宏偉的藍圖也無法得到實現。沒有有效的溝通,制度必然是空中樓閣,無法產生作用和效益。

對於公司而言,管理者和員工之間溝通的重要性是顯而易見的。公司制度的落實等各項活動都必須依靠溝通。溝通是明確職責的燈塔,員工在崗位上做得好不好、對不對,必須傾聽來自管理者的意見。管理者肯定什麼、批評什麼,都會對員工產生實際的影響,進而幫助他們明確職責所在。

老闆對員工的激勵,最後一定要達成一個共同的意見,引發員工的共鳴,這樣就有利於員工下次做得更好、更到位,更好地負責到底。良好的溝通能夠讓員工堅定信心,以更出色的業績回應自己的工作。

5.樹立堅決貫徹的理念

執行力是優秀公司在商業競爭中的制勝法寶。所謂公司在發展中的差距,其實就是從執行力的差距上開始的。

當代的公司管理者都熱衷於學習和宣傳最新的管理技巧,但是由於對執行力缺乏真正的理解和實踐,這些理論和技巧很可能停留在紙上談兵階段。要想讓公司穩定發展,就要樹立堅決貫徹的理

念，將想法付諸於實踐。

6.讓員工知道你的期望

老闆的期望對員工的積極程度有很重要的影響。員工需要知道老闆的意圖，以及對他們的期望值。

期望包括明確工作的目標和目的。老闆最重要的期望就是完成的結果。一個出色的老闆，會期望他的員工自己來決定完成工作目標的最佳方式。期望並不單純地指完成重大工作目標，它蘊含在日常的工作之中。

比如，老闆期望員工準時上下班；開會準時到場；期望員工回復電話、回復信函，並信守諾言等。這樣的期望沒必要都寫下來，那樣就會成官僚程式。但每個人的腦子裏必須清晰地瞭解這些期望。如果不澄清，標準就會被侵蝕，就會出現無組織的混亂狀況。

明確的期望會提高自己的信任度，並受到員工的尊敬。老闆可以假設一個高的標準，當員工們沒有達到這個標準時，就可以給出有建

3 向全體員工公告制度

　　德國佛林公司在深圳設立的一家分公司裏有兩名員工，分別是陳某和王某，兩人關係很好。2011 年 3 月 23 日，陳某 7：25 到達公司並刷卡。但公司攝像頭拍攝的影像顯示，7：45 陳某再次刷卡，人事部據此判斷陳某有代人刷卡之嫌。而這天王某上下班的刷卡記錄為 7：45 和 18：56，但人事部經核實發現王某這天並沒有上班，因此有托人代刷卡的行為。

　　公司據此認為陳某和王某兩人的行為嚴重違反了公司的《人事管理制度》中「代人打卡及托人打卡，經提報並屬實，予以辭退」的規定，因此將兩人辭退。

　　陳某和王某不服，認為他們雖然違反了公司的人事制度，但是該制度並沒有向全體員工公示，所以不能作為處罰的依據。據此，兩人把公司告上法院，要求公司支付他們經濟補償金，但公司認為代人打卡和托人打卡屬於欺騙行為，性質惡劣，屬於嚴重違反勞動紀律的行為，無須支付經濟補償金。

　　法院調查並審查了雙方提供的證據後發現，陳某代王某打卡是事實，但公司以此為由將他們辭退，違法了規定。最後，法院支持了原告的請求，要求公司向兩人支付相應的賠償金。

　　上文公司的行政制度稱得上「好」嗎？答案很明顯，缺失在於沒有討論公告，作為員工，違反了公司的考勤制度有錯在先，但「罪」

不至於被開除。文中陳某和王某表示，公司的行政制度全體員工並不知情，因此員工執行起來難免犯錯。

制度的制定，一定要經過正當程式，即應該召開職工代表大會或由全體職工參與討論，提出方案和意見，經過平等協商予以確定。確定之後，還應該經過公示的程式。當然，最基本的一點是不違反法律的強制性規定。只有具備了這三點的制度，才有可能得到員工的支持。好的行政管理制度應該有幾個特點：職責明確、崗位清晰、流程具體。下面就詳細作介紹，以便管理者借鑒。

1.員工「幹什麼」──讓員工明確工作職責

在企業管理中，管理者首先要讓每個員工明確自己的工作職責，找准方向。這是建立完善且科學的制度的前提和切入點，然後進一步準確定位「什麼應該幹，什麼不該幹，該幹的怎麼幹」等問題。只有這樣，員工才能各司其職，把具體的工作做好，為公司的發展作出貢獻。

2.工作「誰來幹」──確定員工的工作崗位

在確定崗位的過程中，管理者應注重從解決員工最關心、最直接、最現實的問題入手，理順工作關係，對各崗位責任進行明確界定，解決職責不清、責任不明、推諉扯皮等問題，實現各部門、各崗位間的有機配合。

3.工作「怎麼幹」──制訂具體的工作流程

為了建立一套良好的工作運行機制，有效促進管理效率，管理者應該在調研、論證的基礎上，制訂工作的具體流程，使每個員工心裏清楚某項工作要經過幾個步驟、幾個關節點完成。這樣做既可以提高工作效率，又可以提高工作規範化程度。

讓員工認同企業文化

　　現在，企業最高層次的競爭已經不再是人、財、物的競爭，而是文化的競爭，最先進的管理思想是用文化進行管理，因此，企業經營者越來越注重企業文化的建設和價值觀的塑造，企業文化正成為企業核心競爭力的有力保障。

　　大道無形，企業文化是個看不見、摸不著的東西，不少人都感覺「虛」，不知道文化建設從哪入手，重點在哪，所以也導致了很多企業把企業文化建設與 CIS 混為一談，口號標語滿天飛，但企業的文化建設卻總是不入門，在門外徘徊，根本無法提高員工的凝聚力和歸屬感，無法提升管理水準。

　　大量的管理實踐表明，企業文化建設的關鍵在於要讓文化經歷從理念到行動、從抽象到具體、從口頭到書面的過程，要得到員工的理解和認同，轉化為員工的日常工作行為。

　　海爾總裁張瑞敏在談到自己的角色時說：「第一是設計師，在企業發展中使組織結構適應企業發展；第二是牧師，不斷地佈道，使員工接受企業文化，把員工自身價值的體現和企業目標的實現結合起來。」可見，對於企業高層管理者來說，如何讓員工認同企業文化，並轉化為自己的工作行為，是關係企業文化成敗的關鍵。

　　讓員工參與企業文化建設，廣泛徵求意見。任何企業都有文

化，尤其對於許多大中型的國營企業，在經歷了這麼多年的風風雨雨後，員工對文化總有許多自己的看法，很多企業在引入組織變革或再造時，往往忽略了對本企業文化的考慮，結果往往造成了「手術很成功，但病人死了」的尷尬。麥肯錫兵敗實達，就是最好的案例，雖然方案很科學，但實達的文化不能融合，結果是一敗塗地。

很多人把企業文化認為是老闆文化、高層文化，這是片面的，企業文化並非只是高層的一己之見，而是整個企業的價值觀和行為方式，只有得到大家認同的企業文化，才是有價值的企業文化。

要得到大家的認同，首先要徵求大家的意見。企業高層管理者應該創造各種機會讓全體員工參與進來，共同探討企業文化。不妨先由高層製造危機感，讓大家產生文化變革的需求和動機，然後在各個層面徵求意見，取得對原有文化糟粕和優勢的認知，最後採取揚棄的辦法，保留原有企業文化的精華部分，並廣泛進行宣揚，讓全體員工都知道企業文化是怎麼產生的。

企業文化建設與員工的日常工作結合起來。企業確定了新的企業文化理念後，就要進行導入，其實也就是把理念轉化為行動的過程。在進行導入時，不要採取強壓式的，要讓大家先結合每個員工自己的具體工作進行討論，首先必須明確企業為什麼要樹立這樣的理念，接下來是我們每個人應如何改變觀念，使自己的工作與文化相結合。

一家空港地面服務企業做企業文化塑造中，就是先讓基層員工自己討論工作中的問題，然後結合企業文化，提出如何進行改善和提高，包括工作的流程和方法，最後是自己應該怎麼做。通過這樣的研討，讓每個員工都清楚地知道企業的企業文化是什麼，為什麼

要樹立這樣的文化,為什麼自己要這麼做。

以身作則在企業文化塑造中最為關鍵。作為企業文化的建築師,高層管理人員承擔著企業文化建設最重要也最直接的工作。塑造企業文化什麼最關鍵?答案很簡單,作為高層管理人員,應該先把自己塑造成企業文化的楷模。有些企業高層管理者總感覺企業文化是為了激勵和約束員工,其實更應該激勵和約束的,恰恰是那些企業文化的塑造者,他們的一言一行都對企業文化的形成起著至關重要的作用。一家企業做企業文化,他們老總說自己非常重視人才,希望企業理念在這方面有所體現,當時,恰好要安排面試一個中層經理,當他的秘書告訴他面試者來了時,他卻滿不在乎地說:「讓他再等半個小時,我有事走不開。」一件小事足以體現他對人才的重視程度了。企業的高層主管往往既是文化、制度的塑造者,同時又是理念、制度的破壞者。

學會從點滴做起。很多企業在進行企業文化塑造時,喜歡大張旗鼓地開展一些活動、培訓和研討,其實企業文化的精髓更集中在企業日常管理的點點滴滴上。作為企業管理者,不管是高層還是中層,都應該從自己的工作出發,首先改變自己的觀念和作風,從小事做起,從身邊做起。

在思科,廣泛流傳著這樣一個故事,一位思科總部的員工看到他們的總裁錢珀思先生大老遠地從街對面小跑著過來,這位員工後來才知道,原來錢珀斯先生看到企業門口的停車位已滿,就把車停到街對面,但又有幾位重要的客人在等著他,所以他幾乎是小跑著回公司了。因為在思科,最好的停車位是留給員工的,管理人員哪怕是全球總裁也不享有特權。再比如 GE

公司，它有一個價值觀的卡片，要求每個人必須隨身攜帶，就連總裁，也都隨時拿出這張卡片，對員工進行宣傳，對顧客進行講解。試想我們國內的許多企業高層管理者，有這些世界一流企業總裁的理念和作風嗎？

要理念故事化，故事理念化，並進行宣傳。企業文化的理念大都比較抽象，因此，企業主管者需要把這些理念變成生動活潑的寓言和故事，並進行宣傳。蒙牛集團的企業文化強調競爭，他們通過非洲大草原上「獅子與羚羊」的故事生動活潑地體現出來：清晨醒來，獅子的想法是要跑過最慢的羚羊，而羚羊此時想的是跑過速度最快的獅子，「物競天擇、適者生存」，大自然的法則對於企業的生存和發展同樣適用。

在企業文化的長期建設中，先進人物的評選和宣傳要以理念為核心，注重從理念方面對先進人物和事蹟進行提煉，對符合企業文化的人物和事蹟進行宣傳報導。在一家合資企業的企業文化諮詢項目中，我們幫助他們按照企業文化的要求進行先進人物的評選，並在企業內部和相關媒體進行了廣泛的宣傳，讓全體員工都知道為什麼他們是先進，他們做的哪些事是符合企業的企業文化的，這樣的榜樣為其他員工樹立了一面旗幟，同時也使企業文化的推廣變得具體而生動。

加強溝通管道的建設。企業理念要得到員工的認同，必須在企業的各個溝通管道進行宣傳和闡釋，企業內刊、壁報、宣傳欄、各種會議、研討會、局域網，都應該成為企業文化宣傳的工具，要讓員工深刻理解企業的文化是什麼，怎麼做才符合企業的文化。

假如員工不能認同企業的文化，企業就會形成內耗，雖然每個

人看起來都很有力量，但由於方向不一致，因而導致企業的合力很小，在市場競爭中顯得很脆弱。從長遠來看，如果沒有強有力的企業文化，企業就無法形成自己的核心競爭力，在競爭日益激烈的市場上，就難以立於不敗之地。

5 營造遵守制度的企業風氣

在企業管理中，流傳一個很時髦的說法，叫「箱式管理」。箱子我們都知道，四面有隔板，中間有存放空間。這種結構既可以防止箱內的物品突破上下左右的界限，跑到外面去，又給了箱內一定的空間，讓箱內物品有活動的範圍。箱式管理就像是把公司放在一個箱子裏，公司管理層制定一套規章制度，用來規範全體成員，令他們的言行不出界。

每家公司都可以擁有自己的箱子，即各項制度；每個箱子都可選用不同的材料來製造，這就會造成各種制度的嚴格程度各不相同。每個箱子留出的空間也可以不同，但如果給大家留出的空間太大，制度太鬆散，制度就會失去約束力。

當年湯姆斯・惠曼接管綠色世人時，發現公司制度鬆懈，大家行為散漫。為了整頓公司這種不良風氣，惠曼針對現實情況，出臺了相應的規章制度，並且加強了制度宣傳。當有人不遵守制度時，惠曼會嚴格按制度規定來處理。

惠曼說:「處理起來並不複雜,假如你打算在下午四點召開會議,提前要通知參會人員。如果有人沒有來參加會議,你可以在他的桌上留一個便條,告訴他沒見到他真的很遺憾,但你必須秉公執法,就這麼簡單!」再比如,公司規定午餐時間為1個小時,但很多人總是拖拖拉拉地,有的人不但超過了1個小時,甚至2個小時還未回到辦公室。針對這個問題,惠曼也提出了建議:

首先,必須解決一個問題:告訴大家,為什麼你無法接受這種散漫的狀況?譬如說,這是不敬業的表現,如果客戶來公司辦事,找不到相應的工作人員,公司的形象就會遭到破壞,還可能失去客戶,讓公司的利益受損。

其次,你要做的便是下決心懲罰那些不遵守公司制度的人,或採取罰薪的方式,或採取令其加班的方式。此外,還需仔細研究:為什麼大家把午餐時間拖得那麼長?是午餐時間太短,1個小時大家根本無法完成進餐?還是另有原因?對於這些問題,應該如何處理?

很多中國公司習慣於「人治」,而不是「法制」,大事小事都由主管說了算,沒有太多的規章制度可供遵循。這就很容易造成不公平現象,還容易滋生拍馬之風。如果有一套完整的規章制度,任何事情都有條款可依,企業上下營造出一種遵守制度的風氣,那麼這些問題都可以很好地避免。

《孫子兵法》中指出,要規定明確的法律條文,用嚴格的訓練嚴整軍隊,對士兵過於寬鬆,過於愛憐,結果會導致士兵不能嚴格執行命令,部隊陷入混亂而不能加以約束。如今的企業面臨著激烈

的競爭，殘酷程度不亞於戰場拼殺，如果企業沒有嚴明的紀律，沒有良好的風氣，企業是很難在競爭中取勝的。明智的管理者不妨借鑒惠曼的做法，用制度這個箱子約束大家，規範大家的行為。

1.加大制度的宣傳力度

制度出臺之後，並不是萬事大吉。管理者應加大制度的宣傳力度，讓大家對制度的內容加深理解和認同，這關係到制度執行的好與壞。不少管理者出臺制度之後，想當然地認為大家都知道這些制度，殊不知，很多員工可能並不瞭解制度的詳細規定，特別是新員工就更不瞭解了。因此，必須加大制度的宣傳力度。

想讓大家遵守制度，就得讓大家知曉制度、理解制度、認同制度。在這一點上，國外的一些企業是這樣做的：他們給每個員工發一份公司制度文本，讓大家閱讀後，簽署一份聲明，表示已經收到、閱讀、理解了公司的規章制度。這種做法很奏效。

有些國外企業還會將制度當成一本教科書，專門召開會議和員工探討制度的具體規定，進一步講解制度的要求，讓大家明白其中的意義。這樣有利於大家全面理解制度的要求，掃清認知障礙，從而讓各種規章制度潛移默化地融入到員工的主觀意識當中。

2.講清制度的利害關係

知其然，還要知其所以然。有些員工可能對公司的制度只瞭解表面的意思，制度的深層意義他們並不理解，也不明白其與自己的利害關係，這也不利於制度的執行和推廣。因此，管理者有必要向大家講清楚制度的利害關係，尤其是與員工切身的利益關係。

春秋時期，楚國芍陂縣一帶修建了一條南北貫通的水渠。這條水渠又寬又長，水量足以灌溉沿途的萬頃農田，可每到旱

季，沿堤的農民就會在渠水退去的淺灘種植莊稼，有些農民還把莊稼種到了水渠中央。等到河水上漲時，這些農民為了避免渠水淹沒莊稼，就偷偷地把堤壩挖開放水。就這樣，一條好好的水渠，被破壞得面目全非，而且決口處經常發生水災，水利變成了水害。

對於這種狀況，歷代芍陂縣的行政官員都沒有合理的應對辦法，每當渠水暴漲成災時，便調動軍隊去修建堤壩，堵塞涵洞，勞民傷財。到了宋代，李若谷出任知縣時，面對這個頭疼的問題，他出臺了一項制度：「今後凡是水渠決口，不再調動軍隊修堤，只抽調沿渠的百姓，讓他們自己把決口的堤壩修好。」該制度出臺後，再也沒有人偷挖堤壩放水了。

故事雖然久遠，但背後的道理讓人深思。如果管理者在推行一項制度時，把這其中的利害關係明確地告訴全體成員，告訴制度的執行者，也許大家就不會為一己私利而做出有損企業的事情。

3.拿典型教育大家

為了宣揚遵守制度的企業風氣，管理者可以利用報告會、演講會、座談會等形式，有針對性地對全體公司成員進行正反典型教育，這樣可以更好地激勵大家遵守制度。管理者還可以製造相應的事件，讓大家從中看到制度的威信。

比如，古代商鞅變法時，為了推行變法，讓大家相信法律，商鞅特貼出告示：能將一根木頭從城南門搬到城北門的人可以獲得 50 金。大家懷疑這是真是假時，有個年輕人扛起木頭走到了北門，商鞅立即獎給他 50 金，並且當眾宣傳制度的公信力。這很好地提升了人們的法律意識，提升了大家對法律的認識水

準。其實，企業管理者也可以開展類似的活動，通過明確獎罰，觸動大家遵守制度之心。

6 明確告知員工，制度的前因後果

常言道，打江山容易，守江山難。守江山的關鍵在於治理，治理的關鍵在於制度。從杜邦公司的發展歷程中，我們可以看出：長久發展的關鍵在於制度。每個時期，杜邦公司都有特定的制度：最開始是單人決策，然後是集團式經營，最後是多分部體制。這些制度在特定的時期，為杜邦公司的發展提供了相應的保障。

從最初的個人英雄主義，到後來的多分部體制，杜邦公司的制度在不斷地發展和創新。對任何一個企業來說，制度的創新是公司「定江山」的法寶。如果用一句話來說明制度創新的重要性，那就是：制度創新是管理的法寶，是企業根本的創新，是最重要的企業體制變革。

老闆、領袖是打天下的「王者」，制度是定天下、定江山的「王者」，管理者的能力遠遠不如制度有威力。而想讓一個打天下的統帥變成定江山的「王者」，關鍵在於創新制度，堅持用制度管理公司，讓一切管理行為變得系統而規範。

之所以要強調制度建設，目的是用規範化的制度來約束管理者，避免管理者濫用職權。因為人是有感情和弱點的，而制度卻能

避免感情用事，彌補人管人模式的漏洞。與此同時，制度也要規範員工的行為，消除企業內部無序和渙散的狀態，維護管理者的權威，讓企業的意志和行動相統一。

俗話說：「沒有規矩，不成方圓。」如果一個企業沒有規範的制度，或許在某一時段能？昆下去，甚至還混得很有效率，但從長遠來看顯然行不通。因為沒有制度、沒有紀律，會導致沒有執行力、沒有生產力。所以，一個明智的老闆，在打下天下之後，一定會努力制定適合公司的系統化的管理制度。

明確告知相關制度的前因後果，讓員工明白怎樣做？企業管理制度，其實就是企業內部的遊戲規則。作為管理者，應該讓每個員工清楚地明白制度是什麼，知道哪些行為是允許的，哪些行為是不允許的，哪些行為是公司大力提倡的。管理者制定制度之後，一定要清楚地告訴員工：為什麼公司要制定這些制度，員工為什麼要遵守這些制度，制度與員工有什麼關係，制度跟公司的業績有什麼關係……只有真正看明白了公司的制度，員工才知道為什麼要遵守，怎樣去遵守。

7 讓員工認同制度

企業組織發展過程中，內部規章制度必然由簡而繁。其間，內部規章制度由專人建立或修改後，執行時常被員工怨聲載道，上述結果足以影響員工士氣。

由於內部規章制度設定的基準是由老闆和企劃人員主觀的意志所決定，因此才會發生這個問題。企業主持人、企劃人員設立制度的理想與員工的工作觀念及員工的能力有差距，而這也是必然的現象，所以說每一家公司都有可能遇到這個問題。

綜合加以分析，制度的建立之所以未為員工所接受，主要原因如下：

· 建立或修改制度之前的溝通和協調做得不夠。企劃人員在設立或修改制度之前，未能妥善分析舊制度的優劣點並調查員工的態度，且對於原有制度的既得利益團體未能事先取得諒解，乃造成執行時產生困擾。

· 制度的建立其實就是觀念的革新，而只是新習慣的建立，這種除舊佈新的作法，不易為人們所主動認同，這本來就是人的通病。制度要改變，也就是要改變原有的習慣，而建立新習慣本來就不容易，就如同要求吸煙的人戒掉煙改吃口香糖一樣。

· 員工缺乏公司一體的觀念，本位主義的氣習有待消除。員工

與公司本來是唇齒相依的關係,而員工對於公司整體的作業狀況不瞭解,缺乏公司一體的共識,對公司未來如何,與自己的切身關係,他們從來沒有考慮過,這是很不好的現象。

在內部規章制度設立或修改的過程中,應讓各層次的員工有參與意見及確認的機會,才能使各個員工有認同的感覺。欲設立一種新的制度,似可考慮採取以下的步驟:

1.瞭解目前制度的缺點。

瞭解之後作成書面報告,請基層員工看,目前是不是這樣做,先不提這種方法對不對,再加入專家的意見。

2.透過雙向溝通,使全體員工取得共識,並廣泛徵求改進的意見。

一般而言,員工對於現有制度的缺點甚為清楚,只是還沒有辦法推動改過來,但是他們的意見卻獲得老闆和專家重視,畢竟,在綜合員工、老闆和專家的意見之後所設計或修改的制度較能達到激勵士氣的作用。

3.以書面資料讓有關員工確認現況。

4.由專人覆核現況書面資料,並客觀協調以初步瓊結有關的規章制度。

客觀協調比較困難,主要是各部門主管個性不同,要針對其個性來瞭解、協調,如單獨協調不成,則不如以三人小組討論,說明原有制度為何要改,修改過後比原有制度好在那裏,協調之後雙方簽字。

5.初步結論提供有關主管簽核後公佈實施。

因為主管和基層人員有一層隔閡,基層員工願意做的事主

管不見得願意，因此為防止主管改掉基層人員的意見，經基層人員協調的事，加註主管人員的意見之後，呈請總經理裁決。

6. 制度的更改為漸進的，應採簡單易行，切忌做出萬無一失的制度。

制度的設立在於進步，勿因一失而不行，也就是要求圓滿的制度，執行時就會有困難。因為制度會隨著企業組織的發展、環境的改變而要修改，如果要求所設計的制度必須十分圓滿，有一個缺點就不做，這樣永遠不要改進了。

7. 制度的建立應訂有廣告促銷及說明會的期間

推行一項制度等於建立一個新觀念，要使全體員工深入瞭解而成為非做不可的態勢，推行時還是要採 Plan-do-see 的原則。

8. 制度的推行要澈底，結果要經常檢討，必要時得修改。

8 向全體員工宣導：執行比制度更重要

制定好的制度只是第一步，關鍵是要執行制度。有些公司管理得不好，不是沒有好的制度，而是存在重視制定制度、輕視執行制度，或者在執行中虎頭蛇尾，不能堅持，使制度流於形式，成為寫在紙上、掛在牆上、說在嘴上的空話。如果你想把企業管理好，使企業穩步發展，就應該強調把好的制度落實到實際工作中去。

　　企業內部有一條規定：在工作場合不准吸煙。這條規定針對的是一件小事，但真正執行起來卻不那麼容易。然而，不管執行難度有多大，既然定了這個規定，就必須落實到位。

　　公司有個 20 多歲的員工，兼具學歷和技術。該員工進入公司時，公司對他非常器重，他也憑藉自己的能力很快晉升為一個副主任。在走向主管崗位之後，他工作更加積極，表現更加優秀。但是他有一個毛病，那就是煙癮極重。可是公司明文規定不准在工作場合吸煙，於是他只好每天早上、中午上班前猛吸幾口，然後強忍煙癮之苦到下班。

　　一次偶然，這位員工發現樓梯的拐角處比較隱蔽，而且他個人覺得此處不算工作場合。於是，他在上班間隙來到這個地方點著了香煙。不幸的是，這一幕剛好被公司的副總經理看到。當時副總經理什麼也沒說，但這個員工很快就從人力資源部收到了三條通告：第一，免去工廠副主任的職務；第二，罰款；第三，全廠通報批評。

　　這一事件公告之後，引起了很大的反響，不少員工認為公司的管理方式太過強硬，懲罰的力度太大。但是，自從這件事之後，再也沒有員工在公司的工作場所吸煙了。

　　從上述案例中可以看出：小的制度在執行的時候也不能有絲毫的放鬆。管理者不能因為制度關係的是小事，就認為可以放鬆執行，降低執行力度。否則，制定再好的制度，也是一紙空文的擺設，制度本身的威信也會喪失殆盡。如果你希望公司具備強大的競爭力，首先就應該帶領全體員工尊重制度，從根本上重視制度的執行。

　　在古代，有諸葛亮揮淚斬馬謖的故事，這是軍中制度執行的典

範,現今也有康佳、聯想等公司嚴格地執行制度的故事。在聯想,
其競爭力主要通過制度的剛性體現出來。這種剛性可以幫助員工克
服先天性的弊端,保證制度落到實處。所以,康佳、聯想等公司才
能不斷壯大、穩步提升競爭力。

不少企業破產或倒閉後,人們總喜歡把原因歸咎於決策失誤。
殊不知,很多時候,決策或制度並沒有錯,錯在知而不行。經過集
思廣益作出的決策或制定的制度,如果沒有被付諸實踐,或在執行
過程中有任何猶豫或搖擺,都會產生嚴重的不良後果,甚至會導致
全局的失敗。

眾所周知,制度一旦建立,關鍵在於執行,只有嚴格落到實處
的制度,才具有真正的生命力。任何一項制度,如果離開了執行力,
無論它的構架多麼科學合理,多麼完善,都將無法發揮本身的效
力。所以,管理者必須在企業內樹立一種執行理念。

軟銀公司的董事長孫正義曾經說過:「三流的點子加一流的執
行力,永遠比一流的點子加三流的執行力更好。」同樣,管理企業
也是這個道理,關鍵就是把制度執行落到實處。執行力,對個人而
言,就是把想幹的事情幹成的能力;對企業而言,執行力就是把戰
略計畫一步步落實的能力。

我們知道,每個公司都有自己的制度、管理規則,但這些都是
紙面上的東西,如果沒有得到很好的落實,再完善也是沒用的。相
反,即使是一些簡單的制度和規定,如果能真正落實到位,也能產
生巨大的力量。管理者應該努力灌輸制度執行的理念給員工,引起
員工的高度重視。

9 灌輸企業文化，增強員工認同感

優秀的企業制度有一種號召力和威儡力，會散發出一種無形的力量來影響員工的行為。但是它的影響力不是單獨發揮的，而需要與優秀的企業文化相配合以產生作用。上文中摩托羅拉公司的案例充分說明：在優秀企業文化的指導下所制定的好制度，會產生一種強大的凝聚力，把全公司的人心凝聚在一起，使大家保持強烈的團隊合作意識，互相指正缺點，不斷改進，從而保障公司創造更好的效益。

眾所周知，凝聚力的最突出表現是團隊精神。由於每個員工來自不同的地域、不同的環境，有不同的經歷、接受過不同的教育，因此對同一問題的認識、理解和處理方法也往往是不同的。總之一句話，他們有不同的價值理念。

作為管理者，想要把有著不同價值理念的員工團結起來，就要構建優秀的企業文化，並灌輸到員工的思想中去，使大家有一個全新的統一的價值理念。接下來，在企業文化的指導下制定合理的制度，來約束員工的行為，使大家有統一的行為準則。這樣公司才會有強大的凝聚力。

如果公司沒有優秀的文化，僅有嚴格的制度，那麼這種公司就會缺少人情味、缺少認同感。員工願意給公司效勞，看重的可能僅僅是公司給的工資，而沒有所謂的成長感、成就感、認同感和歸屬

感。在這種情況下，員工一旦發現有工資更高的公司，就很容易跳槽離開。如此一來，公司的人員流動率會很高。公司會疲于尋找人才，公司的發展也會受到很大的制約。

松下公司向員工灌輸企業文化的方式有兩種。第一種是訓練員工的基本技能。從嚴格意義上來說，這還算不上企業文化的灌輸。第二種是按照松下的價值觀訓練員工的思想。這種價值觀在員工的整個職業生涯中，從學徒時期就開始反復灌輸，直到員工在松下退休。對於新加入的員工，松下公司更會持續不斷地進行灌輸。

松下公司規定，每個工作小組每月都要選一名組員在組內做一次 10 分鐘的報告，報告介紹公司的價值觀，介紹公司與社會的關係。有一句話能很好地反映松下對員工企業文化的灌輸，這句話是：「如果你因誠實犯了一個錯誤，公司是非常寬容的，公司會把這個錯誤當作一筆學費來對待，要求你從中吸取教訓。但是如果你違背公司的原則，那麼你會受到嚴厲的批評和處罰。」

松下電器的創始人松下幸之助設計的「職工擁有住房制度」規定讓員工 35 歲能夠有自己的房子。這項惠民制度也是松下企業文化的重要內容，為此松下幸之助個人捐贈了 2 億日元，設立了「松下董事長頌德福會」基金，激勵員工按照公司設計的人生規劃成長。松下的企業文化中，還有一條「遺族育英制度」，旨在向意外死亡的職工（日本員工過勞死的現象非常嚴重）家屬支付年金，保證其子女順利地接受教育。

當員工進入企業時，在入職培訓以及之後的工作中，企業文化

的灌輸和滲透都是一出重頭戲。有人說這就像一場戀愛，企業的目的是讓員工認同自己的價值理念，瞭解自己的制度和文化，最終愛上公司。所以，管理者應該重視企業文化的灌輸。

嚴格地講，企業文化的灌輸本質上就是文化洗腦的過程。可是，很多企業把企業文化掛在嘴邊、寫在紙上，而沒有體現到日常工作和流程中。在這種情況下，講的人講自己的，聽的人愛聽不聽，反正大家都沒當一回事，認為這不過是走過場、搞形式，沒有必要真的落實到工作中。因此，這種灌輸根本無法起到作用，這樣的企業文化也很難贏得員工的認同。

與之相比，世界 500 強企業也會給員工進行企業文化的灌輸，而且他們做得很成功。這有兩個原因：一方面，它們的企業文化非常人性化，非常清晰明瞭；另一方面，它們的灌輸方式容易讓員工接受，進而使員工快速地認同其文化理念，並樂意成為企業文化的宣傳者和追隨者。那麼，世界著名的大企業是怎樣向員工灌輸企業文化與制度的呢？下面就介紹幾家大公司比較有特點的灌輸方式。

迪士尼公司企業文化的灌輸是迪士尼公司的「第一堂傳統課」。這堂課要進行一整天，主要向員工講述公司的宗旨和經營策略。從售票員到副總裁，誰都不能缺席這堂課。公司要求員工瞭解公司的歷史、成就和管理風格，然後再真正開始去工作。公司還要求每個人講明不同部門之間的關係。換句話說，就是讓員工知道怎樣同唱一台戲，知道自己所扮演的角色。此外，公司到處張貼「米老鼠」、「唐老鴨」、「白雪公主」、「七個小矮人」等童話人物的照片。

10 建立員工的企業歸屬感

　　重視人才是寶潔公司的文化，寶潔公司認為人才是最寶貴的財富。寶潔公司前任董事長 RichardDupree 說過，如果把寶潔公司的人才帶走，把寶潔公司的資金、廠房以及品牌留下，那麼寶潔公司會垮掉；相反，如果把寶潔公司的人才留下，把寶潔公司的資金、廠房以及品牌拿走，10 年之內，寶潔公司將會復興。

　　正是因為寶潔公司把員工看成財富，所以員工對公司有很強烈的歸屬感，覺得公司就是自己的家，為企業工作就像是在為家作貢獻。在這種情況下，有誰會不盡全力去工作呢？在世界各地，寶潔員工都在盡力展現自己的聰明才智、創新精神和團隊精神。這一切都是寶潔公司飛速發展的動力。寶潔公司有科學的招聘制度，以保證吸納優秀的人才，然後為其提供好的學習平臺。每年寶潔公司都會從各類優秀大學吸納人才，這些人才必須具有強烈的進取心、出色的創造性、傑出的主管才能、超群的分析能力、良好的交際能力以及合作精神。員工進入公司後，首先會接受寶潔公司的培訓，還會接受經理一對一的指導，所以員工能夠非常迅速地成長。

　　寶潔公司重視員工不同的觀點和意見，堅信多元化和多樣化能給公司帶來更強大的發展後勁。所以，公司努力營造一種集思廣益的輕鬆氛圍。重視人才的企業文化、選擇人才的科學制度，加上最好的培訓，還有開放的工作環境，這是寶潔公司給員工歸屬感的四

大因素，也是寶潔公司成功的基礎。

　　眾所周知，人才是最重要的資源，是最寶貴的財富，這是很多公司都意識到的問題。可是，很多公司宣傳「以人為本」的企業文化，把人才培養作為重要內容，不過是把人才當作「資本」，努力提高人才的工作效率，從而為企業創造更多的效益，並沒有真正為人才做職業生涯規劃。這在本質上是把人當作工具來看待，培養人才的目的是最大限度地榨取剩餘價值。這種重視和培養，顯然不利於人才的發展。

　　與之不同，寶潔公司把人才的發展視為目的，而不是單純的獲利的手段，這種企業價值的變化是巨大的進步。為了更好地培養人才，寶潔公司創造良好的培訓平臺；為了讓人才更好地發揮聰明才智，寶潔公司營造一種多元化的開放的工作環境。在這種絕佳的成長環境中，員工對寶潔公司自然充滿了歸屬感。可以說，寶潔公司給了員工強烈的成長感，而這種成長感增強了員工對寶潔公司的歸屬感。

　　另外，給員工成就感也能增強員工對企業的歸屬感。所謂「成就感」，是指獲得成就後的良好感覺。要想增強員工的成就感，最重要的手段是肯定員工的付出。比如，當員工為企業做出成績時，管理者要讓他享受成長、獲得成就的喜悅，這樣員工會覺得自己的努力很有價值，自己的存在對企業很有意義，那麼他對工作就會更盡力，聰明才智就會被激發出來。

11 激發員工使命感

　　1999 年春節，馬雲在放假期間回到杭州，把十幾個朋友叫到家裏開了一次創業動員會。會上馬雲講到三點：第一，要做一個持續發展 80 年的公司；第二，要做世界十大網站之一；第三，要讓所有商人用阿里巴巴的網站。這三點就是公司的遠景目標，也是公司的使命。

　　阿里巴巴創辦人之一的金建杭回憶這件事時說：「當時大家都很迷茫、空洞，因為十多個人要做 80 年的公司，這個目標太遙遠，好像跟大家沒關係；說做全球十大網站，當時打死也沒人相信。就憑十多個人，怎麼做出全球十大網站？讓所有商人都用阿里巴巴的網站，這個聽起來比較舒服，但是永無止境。」

　　5 年之後，在阿里巴巴的周年慶典上，馬雲提出了一個新目標——做 102 年的公司。之所以把 102 年當做一個目標，是因為阿里巴巴創辦於 1999 年，如果做 102 年，將跨越三個世紀，必將是中國最偉大的公司之一。

　　為了實現「102 年」這個目標，阿里巴巴特意研究全球具有百年以上歷史的公司在制度、文化、體系等方面的建設，最後制定了從招聘員工、培訓員工、幫助員工成長這一整套的體系。馬雲表示，102 年的目標不是一個人能實現的，而需要像接力賽一樣，必須由幾個人甚至幾代人共同完成，馬雲認為自

己是第一棒。

馬雲說，企業是為了使命而生存的。全球各大企業都提倡使命對公司發展的意義，這促使馬雲提出價值觀、使命感和共同目標。對於什麼是使命感，馬雲舉了 TOYOTA 公司（豐田）一個令人感動的故事：一個大雨天，一輛豐田轎車的雨刮器突然壞了。司機傻了眼，不知道該怎麼辦。突然，有個老人冒雨沖了過來，把雨刮器修好了。司機問老人是誰，老人說他是豐田公司的退休工人，他認為自己有義務把雨刮器修好。這就是強大的企業文化和使命感的影響力，它使老人把公司的事當做自己的事。

如今人們已經不覺得奇怪，因為阿里巴巴已經是中國最大的網站之一，是世界十大網站之一。但是當年馬雲在長城上喊出這個口號時，又有多少人相信？馬雲正是靠這股信念、這種價值理念支撐起內心強大的使命感，然後一步一步地落實公司的發展規劃。

企業的使命感是指由企業所肩負的使命而產生的一種原動力。使命感源於一種堅持，是因堅持使命、履行使命而產生的強大的精神動力。使命感能給企業的發展指明方向，使公司的決策、經營戰略等正確地展開。否則，企業很容易走上一條不歸路。

「Light to world」（讓全世界亮起來），這是愛迪生公司的使命；「Make the world happy」（讓世界快樂起來），這是迪士尼公司的使命；「讓天下沒有難做的生意」，這是阿里巴巴的使命。創業的時候，阿里巴巴的使命是創辦中國最好的企業，而不是純粹地賺錢，這樣企業才有凝聚力，員工才有使命感，才會用心地去落實公司的制度和戰略。

員工的使命感是指肩負重大的任務和責任。正所謂「但有使命，萬死不辭」，使命之所以是使命，是因為別人做不到，非你去做不可。這是一個人價值的體現。有了這種價值感的員工會為自己自豪，而那個賦予他使命感的企業，自然會成為他的歸屬，因為在那裏他才能閃耀。

員工產生使命感是企業文化昇華的最高表現。有了使命感之後，員工的能量是驚人的，在工作裏更容易得到快樂。有了使命感之後，員工會以解決企業大事為己任，盡心盡忠。在企業遭遇困難的時候，有使命感的員工絕不會棄企業而不顧。這就是企業為何要帶給員工一種強烈的認同感和歸屬感。

看看日本的許多企業，為什麼實行「終身雇傭」制度呢？因為享受到「終身雇傭」制度的員工，最在乎的不是公司給他多少薪水或在這個崗位上能得到什麼利益，而是肩負一種雙重使命感。一方面是他們對公司使命的認同，這表現在他們需要通過工作去實現目標；另一方面，他們對社會有使命感。比如，研究藥品的員工，為的不僅是研發藥品替公司賺錢，更是為了做對社會有益的事情。因此，薪水對他們而言不是最重要的，他們是在為使命感而工作。如果管理者讓員工擁有使命感，那麼就可以做到無為而治了。

通過企業文化建設，可以讓每個員工瞭解企業的使命感，進而去思考自己的使命感。公司再制定相應的培訓制度、獎勵制度，引導員工提高自身素質，增強責任心，去實現企業的目標。在強烈的使命感的推動下，企業制度的落實便非常輕鬆了。那麼，具體該怎樣培養員工的使命感呢？

1. 宣傳公司的遠景和目標

偉大的公司都有一個遠景，看似遙不可及，但是卻是公司長久發展必不可少的目標。就像阿里巴巴的遠景——「讓所有的商人都用阿里巴巴的網站」，看似很難實現，但正是這個長遠的目標帶給阿里巴巴人強烈的使命感，促使其不斷向這個目際努力。

當公司確定了遠景和目標之後，要加大宣傳的力度，讓員工知道自己除了為拿工資工作，還有更重要的使命。也讓員工明白，如果自己做得更好，將會獲得更好的發展。宣傳的方式可以是簡報，也可以是召開會議，還可以是創辦企業內刊。

2. 不斷完善企業各項制度

公司的發展不能缺少文化、價值理念的指導，也不能缺少制度的保障。在企業發展的過程中，管理者要及時發現各項制度的不合理之處，並不斷進行完善。比如，管理操作制度、人才招聘及培訓制度、人事薪酬及業績考核制度、獎勵制度、後勤保障制度等。總之，要系統化。這些制度的制定和完善，需要充分調動員工的積極性和參與性。這樣有助於大家理解制度，明確制度的具體規定，從而自覺地落實。

3. 重用並獎勵出色的員工

企業重視人才，人才才會重視企業。重視人才的最好方式是：肯定人才的價值，對於人才所創造的成績，要給予及時的肯定和獎勵：對於才華出眾的人才，要積極地予以重用，使其在公司的發展中發揮更大的作用。員工的使命感才會逐漸被激發出來。

第 五 章

企業如何執行制度化

1 制度不是「擺設」，貴在執行

　　企業管理者按照流程來制定出科學合理的制度只是讓企業得到有效發展的第一步，而管理企業的關鍵在於讓制度得到有效執行。在西方經濟管理中，有這樣一句話：得不到執行的制度都是「紙老虎」。

　　企業制度建設的準則，可以描述為：有制度可依，執行制度有力。

　　管理制度執行包括二層意思：一是對制定的制度付諸實施、具體落實的過程；二是檢驗所制定的制度正確與否的過程，其目的是使企業各項管理工作達到最優化。

　　管理者想要讓制度得到有效執行，首先要為員工遵守制度營造

一個嚴肅合理的環境。其次要對任務進行細分，以此來保證制度得到有效執行。在這個過程中，管理者要做到對員工進行恰當的分工，不能忽視小處，從細節出發。當然，對那些違反制度者，管理者也應該及時對其做出懲罰，讓制度「威嚴」起來。只有這樣，才不至於讓企業制度成為掛在嘴上的空話。

　　管理者制定了標準、規範的規章制度，目的是為了提高企業的凝聚力，但是如果不去執行，再好的制度也不過是「擺設」。

　　中國歷史上著名的軍事家孫武很懂得用制度管人。他剛到吳國時，吳王看不起他，並沒有重用他，只安排他訓練宮女。

　　孫武從後宮裏挑出上百名宮女，把她們分編成兩隊，然後挑選了吳王最喜歡的兩個妃子當隊長。準備就緒後，孫武將列隊訓練的各項要領講了一遍。這些平時散漫慣了的宮女根本不把這些規定當回事，訓練的時候笑成了一片，你推我搡，隊形大亂。

　　見此情景，孫武嚴肅地說：「我再重新講一遍要領，希望你們聽從操練。兩位隊長要擔負起責任，以身作則，否則軍法處置。」但這些宮女還是聽不進孫武說的話，兩個當隊長的妃子更是笑彎了腰。孫武嚴屬地說道：「我的命令既然已經說了，就是軍令。你們不按口令訓練，就是公然違反軍法，理當斬首！」說罷，他下令將兩個妃子當眾斬了。

　　吳王得知後，便前來制止，孫武說：「大王既然命令我訓練她們，我就得按規矩辦事，倘若所定的規矩成了擺設，以後誰還能服從管理？」說完果斷下令斬了兩個妃子。

　　其他宮女嚇得魂飛魄散，當孫武再喊命令時，其他宮女們

個個都嚴肅認真、積極投入。很快，這些散漫的宮女都被訓練成了嚴守紀律的「軍人」。

許多人從上述故事中得出了這樣一個結論：最有效的管理莫過於制度管理，人管人是管不住的，只有制度管人才能管得服服帖帖。其實這個故事還告訴了我們一個更有用的道理：對於一個好的管理者來說，制定好的制度只等於成功的三分之一，另外的三分之二，靠的是執行制度。因此，唯有將制度落在實處，才能真正利於企業發展。

有的企業制度制定了不少，例如，員工行為準則、考勤制度、獎懲制度、清潔衛生制度，應有盡有，甚至還將其訂成厚厚的冊子，或者是掛在牆上，平時開會也時時提起。但是這些制度卻只是「擺設」，從來沒有實施過。制度剛制定出來的時候，員工還有幾分熱情，時間久了，就會把制度拋到腦後。這樣的話，制定的制度就不能落實，成了廢文。

對於一個國家來說，法律制定出臺以後，就會有相應的執法部門來執行。對於一個企業來說，規章制度、權責明確之後，最關鍵的也是執行。如果一個企業的規章制度只是掛在牆上的一種擺設，這個企業的主管者和員工都視而不見的話，這個企業是沒有前景可言的。因此，企業應該找出制度不能很好落實的原因，從根本上解決問題，唯有如此，才能保證企業發展壯大。

原因一：定制度只是圖形式

有些管理者定制度只是為了給人看，為了得到他人的羨慕，為了得到參觀者的一句美言，為了得到上級的認可。可見，這樣的管理者根本沒有擺正自己的心態。

　　任重是一家房地產公司的總經理，有一次他陪同老總去其他公司參觀時，發現那家公司的牆上都掛滿了各種各樣的規章制度。在回來的路上，老總說：「制度對一個公司的作用是很大的，看看剛去的這家公司，這點就做得很好，值得我們學習。」回來後，任重就開始瞭解各種各樣的制度，沒幾天，他就針對本公司各個部門的實際情況，制定了許多規章制度。老總看了後，對他進行了表揚。他也暗自得意，但他只是把這些制度貼出來，並沒有實際落實，致使自己制定的制度成了「擺設」。

　　管理者制定制度，一定要杜絕「形式主義」。要擺正自己的心態，制度不是拿來給人看的，而是拿來「用」的。既然制定了制度，就要努力營造一種靠制度管理公司的氛圍，讓員工產生一種認同感，增強員工的自我約束力，幫助員工養成自覺遵守制度的好習慣。只有督促員工養成這種遵守制度的自覺性和主動性，制度的力量才能更好地發揮出來。

原因二：怕執行制度得罪人

　　有的管理者制定了制度，卻不願拿制度來約束人，怕一旦開口便會得罪人，所以他們就成了「老好人」，不講原則講人情，不講制度講關係，不講執行講應付，最後，你好我好大家好，就是公司發展不好。

　　常建是一家文化公司的宣傳部部長。最近因為公司需要，他們部門招聘了幾個大學生，老總交代要好好栽培一下他們，為公司重用。可是這幾個大學生因為初出茅廬，都有些恃才傲物，經常遲到早退，有的工作中開小差，有的對客戶態度惡劣。常建覺得他們都是年輕人，愛面子，技術方面也很突出，還是不得罪的好，所以只

是在暗地裏提醒他們一下。誰知道他們都沒有把這種提醒當回事，反倒越來越目無紀律，導致宣傳部其他員工的工作狀態也十分萎靡。

一名優秀的企業管理者應該做到令必行、禁必止。作為企業管理者，嚴格執行制度的結果可能會得罪一些「功臣」、「愛將」，或者是自己職位不保。但是不遵守制度，你所管理的團隊就會混亂、低效，一樣是沒有前途的。其實，只要你客觀、公正地執行規定，不偏向任何人，也不為自己牟私利，就會得到員工的尊重，員工也更願意服從你的管理，執行制度。

原因三：管理者不能以身作則

有些管理者自恃位高，不遵守制度。既是制度的制定者，又是制度的率先違反者，這樣的管理者是沒人信服的。

某企業老總任命自己的外甥陸川做銷售部主管，為了體現自己的權威，陸川給銷售部制定了近乎苛刻的管理制度。銷售部的員工們誰一旦觸犯了他制定的制度，他就會立馬對其進行處罰，但是陸川自己卻從來不遵守制度。看他這樣，底下的員工自然也是不服氣，都是敢怒不敢言，大部分都幹不到 3 個月就辭職，導致銷售部人員流動很大，銷售業績慘澹，產品積壓，整個公司也因此而出現虧損。

俗話說「上樑不正下樑歪」。對於企業管理來說也是如此，如果制定了制度，管理者不能很好地執行，那麼下面的員工在不遵守制度的時候，就會振振有詞「老闆不也是這樣的嗎？」因此，管理者一定要嚴格約束自己，避免給自己設「特權」，應該率先垂範。只有管理者帶頭遵守制度，才能維護制度的權威。

2 工作流程的設計與執行

　　速食業的「服務效率」已成為競爭的關鍵，消費者不僅希望食品乾淨、衛生、有一定的熱度，還非常注重服務效率，注重能否儘快地得至 9 所點的食品。為此，麥當勞通過一系列制度和改進設備，通過改善服務流程來提高服務效率，從而滿足顧客的需要。在麥當勞所制定的一些規則、設計的一些設備及工具上，顯示出麥當勞的獨具匠心。

1. 麥當勞制度的表現

　　第一，點膳。從顧客踏入麥當勞餐廳開始，就開始接受麥當勞的服務，也就進入了麥當勞高效率的服務體系中。在麥當勞餐廳裏，收銀員負責為顧客記錄點膳、收銀和提供食品。麥當勞在人員安排上，將記錄點膳、收銀和提供食品等任務合而為一，消除了中間資訊的傳遞環節，這樣做，既節省了成本，又提高了服務效率，節約了顧客點膳所需花費的時間。

　　第二，收銀。顧客點膳結束後，接著就是收銀員的收銀和找零環節。麥當勞通過使用收銀機提高了賬目結算的速度，還可以將所點的食品明確地回饋給備膳員，提前做好備膳的準備。為了進一步提高服務的效率，麥當勞還規定；當某個收銀員出現空閒時，應該向在其他收銀台前排隊的顧客大聲說，「先生女士，請到這邊來」，以提高顧客排隊的效率。另外，如果餐廳內突然出現高峰人群，那

麼，其他空閒的收銀台就會馬上啟動。找零後，收銀員還要及時給顧客提供所點的食品和飲料。

第三，供應。麥當勞在食品供應上的效率也非常高，顧客點膳後只需要等 30 秒左右就能取到所點的食品。在食品供應方面，麥當勞採取了不同的方式以提高效率。麥當勞規定員工在食品供應時都應該小跑，以提高行動的速度。為了防止走動速度過快造成食品滑落和外溢，麥當勞對飲料都加了塑膠蓋、對食品加了紙盒。此外，麥當勞還對供應設備進行了改進，比如在飲料供應方面，飲料設備提供多個飲料出口，只需要員工按一下按鈕，就能保證定量的飲料流到杯中。在食品供應方面，通過工藝改進，只需要將半成品加熱即可，大大地提高了食品的生產速度，而且顧客還能拿到剛出鍋略微發燙的食品。在適量成品庫存的安排上，麥當勞還根據餐館位置，參考餐廳以往不同時段的供應量，制定當天不同時段的顧客購買量和購買品種。將每小時細分為 6 個時間段，針對不同時間段的需求情況，可提前準備好下一個時間段所需要的數量，通過提前準備的成品庫存量，迅速滿足顧客的需求。在食品供應流程中，麥當勞通過提高員工行動速度、改進食品製作工藝、統籌安排適量庫存，大大提高了食品的加工速度和供應速度，將顧客等候時間從最初的 50 餘秒縮短到 30 秒。

第四，消費。通常情況下，消費速度是由顧客決定的，麥當勞又是如何實現消費的高效率呢？去麥當勞就過餐的顧客會知道，麥當勞不提供筷子、叉子、調羹等就餐輔助工具，所有固體食品一般都是通過手來抓取，飲料使用吸管。顧客用手抓取不僅方便，而且，抓取的效率要大大高於使用筷子和叉子等工具時的效率。因此，顧

客直接用手拿著薯條、漢堡包、派、雞翅等就餐，就不知不覺地提高了就餐速度。另外，麥當勞往往使用小型餐桌，最多配給 2～4 個座位；因此，麥當勞餐廳內不太適合較多朋友聚會。通過餐廳的設計，顧客往往不會長時間地停留在餐廳，同時，小的座位和餐桌也提高了有效營業面積。同時，麥當勞還提供外帶服務，這些外帶食品是不佔用麥當勞營業空間的；因此，麥當勞專門為外帶服務的飲料提供專門設計過的塑膠袋，方便顧客攜帶和使用。

第五，清潔。在清潔方面，麥當勞也有一套方法和體系來保證清潔的速度。首先，麥當勞大量使用紙質、塑膠等一次性餐具，在清潔顧客留下的餐巾紙、吸管、可樂杯、紙杯時，只需要將這些餐具倒在垃圾桶裏即可，這樣就節省了餐具回收、餐具清洗、消毒、乾燥等諸多工序。其次，使用託盤和託盤紙，不僅方便顧客攜帶，還能為餐廳做廣告，減少了桌面被弄髒的概率，節省了桌面清潔的時間。麥當勞還制定了員工要隨手清潔的規定，任何人在任何崗位都要順手將周邊的崗位用抹布抹掃乾淨。此外，麥當勞的桌子、凳子等都採用塑膠等覆蓋，廚房設備採用不銹鋼表面，不僅容易清掃，而且清潔的效果也容易顯現，提高了清潔工作的效率。在打烊時，麥當勞還要組織員工對所有的器具再進行一次清潔。對於被顧客打翻的飲料，麥當勞規定要立即進行清潔，以防止污染擴大。同時，麥當勞還有多種配方的清潔液，針對不同的污漬採取不同的清潔液進行清潔，以提高清潔的針對性。

麥當勞能從一個小小的速食店，發展到遍佈六大洲 100 多個國家和地區、在全球 3 萬餘家分店，成為世界速食業的巨人，在其背後有獨到的制度設計和考慮，其中，麥當勞在工藝流程改進、廚房

設備創新、餐廳員工培訓、食品種類刪減等諸多方面,都考慮到了速食業所需要的「快」,從而實現了高效率的服務,這一切保證了麥當勞餐廳的成功。

2.麥當勞的執行力量

麥當勞的成功,很大程度上取決於工作流程的設計與執行。那麼,什麼是工作流程呢,除了速食行業需要工作流程,別的行業需要工作流程嗎?其實,工作流程存在每一個企業中,用一句通俗的話說,工作流程就是「做事的環節、步驟與程式」,在工作流程的內部,隱含了三個要素:任務流向、任務交接與推動力量。

其中,任務流向指明了任務的傳遞方向和次序,任務交接指明了任務交接的標準與過程,推動力量主要指明了工作流程的內在協調與控制機制。麥當勞將速食店內的工作分為「點膳」「收銀」「供應」「消費」與「清潔」5 個環節,每個環節都環環相扣,並注重每個環節內部的步驟精益求精,從而保證了麥當勞的工作效率,增強了麥當勞的競爭力。可見,工作流程在一個企業中,起著非常重要的作用。正如有人這樣評價麥當勞:「三流的員工,二流的管理者,一流的流程。」麥當勞的員工,並不需要太高的學歷,通常只要達到高中文化程度就可以;然而,有些餐廳聘請了級別很高的廚師,但在企業發展的業績上卻難以趕上麥當勞,一個最重要的原因是,很多企業輸在了工作流程的設計與執行上。

工作流程的本質,就是要求執行規範化,讓制度統率執行。只有這樣,才能讓企業的全體員工共同構成一個有機統一體,實現高速運轉,將企業的整體要求賦予每個人,讓大家在制度的流程內,實現執行的規範化、效率化,最終幫助企業贏得成功。

3 無法執行的制度都是「紙老虎」

一些企業常將制定的方針、政策和規章制度高掛在牆上,然後高枕無憂,似乎制定了這些策略就萬事大吉了。他們對待制度只局限於牆與嘴之間,存在於形式上,而不注重如何將其體現在實際工作中。在工作時,那些制度也就成了一疊廢紙,一種裝飾牆體的工藝,而很少去執行,去落實。如果這樣的企業能在商海中立足,會很讓人費解。

企業的失敗不是某一方面的錯誤,既不是策略、計畫的錯誤,也不是政策措施的錯誤,而是管理者與落實者的共同失誤。如果一個計畫不去落實,那麼制定的目標就無法實現,而在其之後的各種方針政策也無法得到執行。所以,不去落實,再好的方針政策只能是一種空想,甚至是不切實際的幻想,而沒有落實的計畫也就成為空中樓閣,成了泡影。

正所謂:空談誤國,實幹興邦。因此,我們說一個人的成功,源於把自己的理想付諸行動;一個企業的成功,源於把計畫落到實處。

要想在競爭激烈的市場中取得卓越的成就,必須抓好落實,將計畫、方針落到實處,進而推進工作。在工作中,做到少說空話、大話,從細事、小事做起,不要將工作局限於表面,而要將工作落實到位,只有這樣,才能把工作做好,才能獲得價值的提升。

對管理者來說，應該從落實工作抓起，對待自己的工作也絕不例外。在工作時，不能只停留在制定多少計畫、方針，而應該去想怎樣將計畫完善，怎樣將政策落實、推廣。同時，建立一支落實型的團隊，鑄造有落實精神的企業文化，進而帶動員工一起執行政策，將計畫落實到每個負責的部門，將責任落實到每名具體的員工。只有這樣，才能使企業蒸蒸日上。一個企業的文化會影響生活在其中的每一個人。如果一個企業的整體是一個上進的整體，那麼在集體的影響下，個人也將成為上進的個人，就是這樣一個道理。所以，要想使企業得到發展，那麼企業就必須塑造自己的企業文化。

建立一套合理的規章制度是經營和管理好企業的前提，但是有了制度不等於高枕無憂，如果有合理的制度，卻沒有有效執行，那麼會出現什麼情況呢？

一天晚上，某家公司的財務室被撬開，牆邊的保險櫃也被打開，櫃內的 20 萬元現金被盜。這筆錢是公司第二天急用的購料款，但這筆錢突然丟失了，嚴重影響了公司的正常業務。

然而，令人不解的是，這個保險櫃是國內最先進的一款，櫃子上面有報警器、電擊系統和密碼裝置，而且密碼系統由電腦控制。既然保險措施如此齊備，那保險櫃為什麼還會被盜賊輕而易舉地打開呢？

事後經過調查發現，使用保險櫃的出納是個馬虎大意的人。雖然公司制定了一整套財務保衛的規章制度，但是出納根本沒有按制度執行。在他看來，這個保險櫃確實不錯，但是他覺得公司很安全，沒必要小題大做，因此他把錢放進保險櫃之後，並沒有將其鎖上，而是虛掩著保險櫃的門，這樣便於他取

錢時方便……

　　有保險櫃不用，有制度不執行，這樣的保險櫃還有何用？這樣的制度還有何用？這個案例告訴我們，企業的規章制度再好，如果沒有不折不扣的執行，制度也會淪為一紙空文，無法發揮應有的作用。

　　很多企業制定了成套的管理制度、工作標準，大到廠紀廠規，小到領物規定、作息規定等，不可謂不完善。如果這些制度真的能貫徹執行下去，對企業絕對有很大的幫助。但遺憾的是，很多企業把制度當作花瓶和擺設，導致制度流於形式——做出來只是為了給別人看，卻沒有體現在執行中。

　　看看那些破產或倒閉的企業，它們破產或倒閉的原因在哪呢？很多人可能會說，管理者的決策失誤，主管不力。也許有這方面的原因，但在管理者沒有失誤、公司制度沒有問題的情況下，有些企業依然會破產，這是什麼原因呢？其實，出現這種問題的根源在於，制度沒有得到有效地執行。

　　三國時期，諸葛亮揮淚斬馬謖，在軍中樹立了不折不扣地執行制度的楷模。今天的康佳公司，嚴肅地處理了違反制度的員工，也為現代企業管理者樹立了榜樣。如果你想管好企業，想讓企業不斷發展壯大，一定要讓公司的制度不折不扣地執行。

4 沒有監督，執行效果就沒保證

IBM 前總裁郭士納說過：「員工不會做你希望的，只會做你監督和檢查的。」這句話道出了管理的精髓，即檢查和監督是促使員工把制度落實到位的關鍵一環。因為制度再好，也要靠人來實踐。否則，好制度無法發揮出積極的作用。要把制度變成自覺的行為準則，檢查監督是關鍵、是保障。

一個成功的企業，離不開科學的決策、嚴格的管理和有效的監督。實踐證明，在現代企業中，再嚴謹的制度也需要有效的監督。現實中，有些管理者把制度當作企業的最後一道「關卡」。這是一種非常消極的管理態度。因為制度雖好，但還需執行到位，才能發揮作用。倘若制度沒有執行，而且沒有人監督，那麼再好的制度也是擺設，再小的問題也不會得到有效的解決。所以說，制度能夠得到執行，建立有效的監督機制是非常有必要的。

紐豪斯電器公司是德國一家大型公司，重視工作監督。總經理紐豪斯認為，監督是保證執行效果的重要手段。小到一張票據，大到上百萬歐元的專案研究，他都要求相關部門做好監督工作。

有一次，後勤部的員工 Mahncke 去採購電風扇、涼席，為員工宿舍增加生活用品。由於小商店沒有正規的商業發票，因此給了她一張等額的餐飲票代替。沒想到這張面值 500 歐元的

餐飲票在最後關頭沒有逃過財務部的「火眼金睛」。

在弄清楚事情的來龍去脈後，財務部堅持讓 Mahncke 馬上找商店老闆補辦合格發票。沒辦法，Mahncke 只好按照公司的制度辦事，老老實實地去找那家店老闆，把情況一五一十地向對方說明，要求對方無論如何也要補辦合格的發票。

由於 Mahncke 的堅持，店老闆也毫無辦法，只好從朋友商店弄來正規發票，補開給 Mahncke。最終，這件事情得到了圓滿的解決。

類似的事件在紐豪斯公司並不少見，有時候員工抱怨相關部門太較真兒，每當這時，總經理都會站出來，嚴肅地對大家說：「較真兒不是壞事，尤其是在嚴肅的問題上，較真兒是為了督促大家把工作落實好，這種監督是我們需要的，是我們公司發展的重要保障。」

與其在監督技巧、監督工具上下工夫，不如花點心思，建立有效的監督執行體系。那麼管理者怎樣建立這個監督體系呢？下面有兩點建議可供參考。

1. 不要想監督太多，只需監督和控制最重要的環節

汽車上的錶盤、儀錶，是給司機做監控用的。在汽車的錶盤上，沒有多餘的儀器儀錶。為什麼呢？因為開車只需要控制速度和路線，至於其他沒用的東西，不需要去控制。管理企業也是一樣，不用想著監督太多的東西，否則會把最應該監督的東西丟掉。

有個企業只在制度裏規定，為顧客服務的時候，要露出 8 顆牙來微笑。這個規定看似非常細緻、具體，但與「熱情地為顧客服務」相比，後者顯得更為重要。因為不管員工有沒有露出 8 顆牙微笑，

只要員工熱情地對待顧客，就足以表達對顧客的重視。

至於是否露出了 8 顆牙齒，這實際上並不重要。因為露出 8 顆牙齒微笑，不一定代表員工對顧客熱情服務了，有可能員工笑裏藏刀、皮笑肉不笑。這樣的笑即使露出了 8 顆牙，又有什麼意義呢？這也提醒管理者，沒必要把制度規定得過於細化。過於細化的制度不但執行起來麻煩，監督起來更麻煩，因為不可能有人在旁邊看著員工是否對顧客露出了 8 顆牙微笑。

2.選用正直、有責任心的員工成立一個監督小組

企業成立專門的監督小組，是提升執行力的重要手段。企業的執行力提高了，企業的制度落實情況、產品品質、生產安全等都會獲得保障。既然監督小組對企業關係重大，那麼在選擇組員的時候，管理者一定要經過深思熟慮和詳細考察。只有那些辦事公正、有責任心的人，才能堅定地落實監督制度，才能發揮監督作用。由於責任心強烈，他們在做事的時候才會細心，從而為企業建立非常有效的監督體系。

 心得欄 _____

_____

_____

_____

_____

_____

5 對執行制度的監督，要常抓不懈

　　制度執行是一項必須常抓不懈的工作，不能一曝十寒，不能等出了問題才來抓。正確的做法應該是及時跟進執行的過程，不斷發現原計劃中考慮不周、執行不到位的情況，做到發現問題、解決問題、完善制度、提升執行力。這樣做是為了從根上把制度執行到位、落到實處。

　　有些公司的規章制度裏有很多條文規定，比如「顧客至上」。然而，真正能夠持之以恆地執行這些條文的公司並不多，但希爾頓酒店的員工真正做到了。他們為什麼做到了呢？這與希爾頓 50 年如一日，不斷巡視各分店，提醒、敦促、監督員工關於微笑制度的落實情況有很大的關係。假如希爾頓很少向員工強調微笑的重要性，很少巡視各分店，時間一長，員工在執行微笑制度的時候，就很可能逐漸放鬆對自己的要求。

　　希爾頓酒店是美國的「旅館大王」，它的服務理念是對顧客保持微笑。老闆希爾頓要求員工無論多麼辛苦，都要堅持落實這一制度理念。他本人的座右銘就是：「今天你對顧客微笑了嗎？」

　　為了把微笑制度執行好，希爾頓不但從自身做起，給員工樹立好榜樣，還在多年的管理中，積極地監督員工關於微笑制度的落實情況。在 50 多年的經營管理過程中，希爾頓每天都在

各分店之間走動。他這樣做一方面是親臨執行現場,監督員工的執行情況;另一方面可以拉近與員工的距離,積極傾聽員工的意見和建議,給員工帶去激勵。

　　每次巡視分店的時候,希爾頓說得最多的一句話就是:「今天你對顧客微笑了嗎?」他用這句話來提醒員工保持微笑的服務風格。即便在 1930 年美國經濟大蕭條時期,希爾頓依然對微笑制度的落實情況常抓不懈。當時美國 80%的旅館瀕臨倒閉,希爾頓酒店也遭受到同樣的靈運,但希爾頓堅定信念,鼓勵員工振作起來。他向員工呼籲:「千萬不要把愁苦掛在臉上,無論遇到何種困難,都要保持微笑。」

　　在希爾頓的嚴抓下,公司的微笑理念得到了貫徹落實。員工以真誠的微笑感動著顧客,給希爾頓酒店樹立了良好的形象。很快,希爾頓酒店走出了低谷,進入了發展的黃金時期。在添加了一流的硬體設備之後,希爾頓問員工:「你們認為我們還需要添加什麼?」員工回答不上來,希爾頓說:「如果我是一位顧客,單有一流的設備,卻沒有一流的服務,那麼我寧願去設備差一點但是能見到微笑的旅館。」

　　真誠的微笑不僅幫希爾頓酒店渡過了難關,還給公司帶來了巨大的成功。如今希爾頓酒店在全球五大洲有 70 多家分店,是當今全球規模最大的旅館業公司之一。

　　希爾頓的成功告訴我們:管理者應該長期監督員工的執行情況,絕不允許虎頭蛇尾、前緊後鬆的情況發生。在履行監督工作的同時,管理者需要意識到自己是員工的榜樣。正所謂「上樑不正下樑歪」,如果管理者自己不遵守公司的制度條文,卻對

員工的行為指手畫腳，就很難讓員工心服口服。

要想做好監督工作，提高企業的執行力，管理者必須做到以下三點。

1. 樹立正確的執行理念，身體力行地為員工做表率

要想提高企業的執行力，管理者在履行監督職責的時候，就必須明確執行理念，然後身體力行地為員工做執行的榜樣。如果管理者表率作用差、執行不夠深入，安排的任務多，身體力行少，不願意面對棘手的問題，做事不踏實，那麼只會使企業的凝聚力和執行力大打折扣，難以取得好的成效。

2. 完善規章制度，不斷宣導、宣傳制度執行的重點

在監督的時候，管理者應該扮演一個宣傳員，不斷向員工強調制度的重要性，把制度執行的重點反復地告訴員工，使員工牢記於心。這樣堅持下去，會使大家在不知不覺間深刻地領會制度的重要性。希爾頓就是這樣做的，他每次巡視分店時，都會問員工是否對顧客微笑了，強調微笑的重要性，引起員工的重視。

與此同時，管理者還應該建立有效的激勵制度，根據員工的執行業績來考核員工，確定員工的薪酬和獎金。這樣能充分調動和保護每一位員工的積極性，使員工由內而外產生一種執行的意識。

3. 經常走動，常抓不懈地做好制度執行的監督

關於制度執行的監督工作，或許很多管理者都能在短期內做得很好，但是時間長了，慢慢就放鬆了對監督的要求。真正能向希爾頓那樣堅持 50 年的管理者並不多，如果你能像希爾頓那樣，那麼你何愁不能把企業做大、做強？

在監督的時候，管理者要「勤於動腿」，即管理者不能總是坐

在辦公室裏，而應該到員工工作的現場去觀察和瞭解執行情況，要像希爾頓那樣經常走動。這遠比坐在辦公室裏獲得的資訊多，這些資訊也是做決策的重要依據。

6 違反制度，處罰得當

很多時候，你會發現，有一些企業根本就管理不好。是它們沒制度嗎？不是。那為什麼就管理不好呢？有制度沒執行。就拿遲到來說吧，這是一件非常小的事情，小得不能再小了，但是要根本性地解決這個問題並非那麼容易，甚至需要下很大的力氣來整治。

其實，很多時候都是這樣的，要想維護制度，並且讓制度得到很好的貫徹執行，就需要賞罰。

比如，在日常生活中，那些事兒能做，那些事兒不能做，做了是好還是壞，最基本的衡量標準就是道德。所以，你做了一件好事之後，會有很多人表揚你，甚至會有一些獎勵，你會很開心，會繼續維持這樣的良好秩序。但是，你會發現，有時候道德也會失控，你還是會衝動，會做錯事，這個時候就不是道德所能解決的了，你會受到法律的制裁，你要受到懲罰。所以，除了道德之外，維繫社會秩序還需要法律和制度。當然，法律也是一種制度，它的作用就在於對違背公眾共同規則的行為予以懲罰，比如醉酒駕駛。

上海原來因為酒後駕駛，出交通事故的很多，現在，幾乎

很少出現這樣的交通事故了。那麼，為什麼酒後駕駛的人少了呢？因為現在對酒後駕駛懲罰很嚴厲。以前，飲酒駕駛計 6 分，醉酒駕駛計 12 分，而現在只要是酒後駕駛，一律計 12 分，還要罰款、沒收證件，嚴重的還要拘留，就算是「隔夜酒駕」照樣會被查。並且一年內因醉酒駕駛機動車被處罰兩次以上的，吊銷機動車駕駛證，五年內不得駕駛、營運機動車。所以，違章必究，在究了之後，這章就行了。

在企業裏，保證制度這個章正常運營的最好辦法就是賞罰。但是，在一些企業中，雖然賞罰行為採用不少，但效果卻不盡如人意，究竟是為什麼呢？衡量標準有漏洞，要麼賞得太輕，要麼罰得太重。結果往往是激勵了一部份人的積極性，同時又挫傷了另一部份人的積極性，沒有達到全面激勵的效果。沒有統一的標準，就很難服眾。

其實，賞罰不是目的，它是其他制度能夠順利執行的必要保證。從某種意義上講，它就是企業行為的指揮棒，體現了企業的價值取向。你獎勵什麼就意味著你鼓勵什麼，你懲罰什麼就意味著你反對什麼。因此，有規範，無賞罰，好比有水管，沒水閥。做好企業，不僅要用條文來規範，更要用賞罰來控制，企業必須安好「罰門」。

獎懲制度是企業發展所不可缺乏的，是調動員工積極性的重要舉措。管理者應該最大限度地利用獎懲制度達到激勵員工的目的。想要做到這點，管理者就要制定科學合理的獎懲制度，然後按照獎懲制度對員工進行公平的考核，並以此為依據確定員工的薪酬。這樣才能最大限度地調動員工的積極性，才能在企業中營造一種「力

爭上游、力爭優秀」的工作氛圍。

「如果你到日本人家裏去，你就必須脫鞋，不管你腳上的鞋多麼貴重，即便你連地都沒有沾，你都要脫鞋。這是一個入鄉隨俗的規矩。」

有一種懲罰是罰款。就像價格手段永遠是促銷產品的最佳法寶，罰款是對員工最好的制裁。因為罰款會直接觸及員工的經濟利益，因此它是僅次於辭退、降職、降薪的嚴厲處罰。

當員工違反了公司的制度，違反了她的遊戲規則時，必須予以恰當的處罰。由於人們對經濟利益非常敏感，因此當懲罰的內容包含了有損於員工經濟利益的內容時，會引起員工非常大的警醒。同樣的道理，當員工有出色的表現時，柯達公司也會用金錢獎勵策略激勵員工，這對提高員工的工作積極性有非常大的幫助。

在企業的管理過程中，懲罰是管理者們最常用的、最直接的管理手段。值得注意的是，最無能的管理者往往輕易對犯錯的下屬實行經濟處罰。其實，懲罰只是一種管理約束的手段，是為了鞭策後進，懲罰懶惰，是為了維護企業的良好形象和聲譽。如果管理者想從根本上解決問題，避免與下屬發生衝突，在實施處罰前應該解決以下幾個問題。

1. 制定合理的處罰標準

處罰的目的是預防和控制，絕不是為了處罰而處罰，更不是為了向員工發洩怨氣。因此，在處罰的時候，一定要讓員工知道自己錯在什麼地方，違反了公司制度中的哪一條。同時，還要讓員工明白，什麼樣的錯要負多大的責任、承擔多大的代價，到底是值 100元，還是值 500 元。這樣，員工犯錯後無話可說，只能認罰，而且

還會心服口服地去改正。這就要求處罰標準一定要合理，千萬不能隨意處罰下屬，隨口開價，那樣會讓員工沒有安全感，最終會使企業不安全。

2.公正地劃分責任額度

在團隊中，任何責任都不是獨立的，而是一個鏈條、一個流程。因此，表面上是某個員工犯錯了，要承擔責任，但實際上其他人也要為此負責，只不過有主要責任、次要責任之分或直接責任、間接責任之分。

一般來說，主要責任人是錯誤的直接引發者，應承擔50%～60%的責任額度；次要責任即協助責任，主要是因為沒有及時提醒或制止而應承擔的責任。次要責任人一般要承擔20%～30%的責任額度。

或許你會覺得奇怪，還有一些責任誰來承擔呢？答案是管理者，管理者即犯錯者的直接上司。因為他負有監管責任，監管不力，當然要承擔責任。一般來說，他的責任額度為10%～20%。要記住，公正地劃分責任額度，並不是為犯錯者尋找庇護，而是為了讓大家都對這種錯誤引以為戒。更重要的是，讓犯錯者明白自己的行為與整個團隊的關係，從而積極地改正錯誤，避免今後犯同樣的錯誤。

3.適當地原諒員工

管理者們都知道，處罰是手段而不是目的。在這種指導思想下，有些影響不大、破壞性不強的錯誤，或初次犯錯等，其實是可以原諒的。真正需要重罰的是故意犯錯、重複犯錯的人，對這種人絕不能姑息遷就，要重點處罰這種人。因為但凡有點覺悟的人都知道要對公司負責，要對自己的行為負責，不能重複犯錯。

4.保持純粹的處罰動機

有些管理者把處罰當成斂財的手段，而不是為了糾正員工的缺點，幫助員工糾正不良的工作習慣和作風。其實，這是非常錯誤的處罰思想，這樣只會把員工逼走，把管理者置於員工的對立面。處罰的目的是糾正員工的錯誤，讓員工不斷改正、不斷進步，處罰是手段而不是目的。為此，管理者要做好兩方面的工作：一是設立內部基金，保證從員工那裏獲得的每筆罰款都能存人這筆基金，然後專款專用，如留作公司活動經費；二是有罰款就應該有獎勵，而且一定要保證獎勵額度比懲罰額度大，而獎勵的錢一定是公司或老闆掏，這樣員工才會心服口服。

7 敢於問責，嚴於問責

企業在小的時候，管理者或許可以一手抓很多職能，在這時，好像授權的問題還不是很緊迫。但當企業稍有規模後，授權在企業管理中便不可回避。其實，授權也是一種藝術，貫穿於我們做的很多事情之中，一個管理者只有懂得授權，並掌握了授權的藝術，才能夠真正成為一名優秀的管理者。

在授權的時候，我們一定要對員工有比較清楚的瞭解，一旦授權，就要對員工抱以應有的信任，同時還要避免授權不明的現象。

美國甲骨文股份有限公司(Oracle)是世界知名的軟體公

司，也是第一家進入中國的世界軟體巨頭。公司的創始人 LarryEllison 談到內部管理時，頻頻提到授權機制。他認為這樣有利於調動員工的自主權，讓員工對自己的崗位承擔責任。

甲骨文有限公司對任何一位員工都不會偏袒，公司給大家提供了很大的施展才華的空間。

在這個空間裏，員工要自己去設計建立良好的運行機制的方法，並且對自己的行為負責。如果他們在落實制度、執行任務方面出了差錯，管理者會對當事人進行問責。

這種管理制度既可以充分調動員工的積極性、開發員工的製造性思維，又能夠提高員工的責任感，確保員工不會有越權行為。

進入甲骨文有限公司的新員工一開始都是從基層做起，但他們不用看管理者的眼色行事。他們有很強的自主性，但必須對自己的工作負責。雖然如此，但上級的權力還是比新員工高。這樣在必要的時候，公司可以通過改變流程來改變工作進度，以保證整個工作過程的一體化。

在甲骨文有限公司的管理機制中，突出了放權、責任的重要性。作為管理者，以前都是自己做決定，現在讓員工做決定，難免會有一種擔心。所以，管理者需要充分地信任員工的能力。同時，為了避免員工胡亂決策給公司造成損失，甲骨文有限公司有嚴格的問責制度。這是非常明智的舉措。要知道，在檢查監督制度的執行時，管理者必然會發現一些不按制度辦事的情況。對於不按制度辦事的行為，管理者必須追究相關人員的責任，做到「以儆效尤」，以維護制度的權威性。否則，制度會失

去威嚴。實行問責制,既可以增強員工的責任心,又能提升員工的執行力。

這樣,制度才能像燙手的火爐,像帶電的高壓線,成為引導員工行為的無形指揮棒。

問責必然涉及一定的責任。不得不承認的是,每次事故的發生、工作的疏忽,在不同程度上都是因為不盡責、不作為、亂作為引發的。說到責任,我們會很自然地想到權力,沒有不用負責的權力,否則那是低效率甚至是無效率的。責任與權力是相對應的,把責任和權力連接起來尤為必要。這樣才能讓每一名管理者對權力有敬畏之心,時刻想著問責,促使員工對工作盡職盡責。

在問責的時候,堅持「五問」。

一問執行者。

遵守公司制度、服從命令,在規定的時間內完成任務是每一名員工都應該做到的。如果員工沒有做到這點,出了問題,管理者就要追問其責任。

二問管理者。

員工出了問題,其直接上司有不可推卸的責任。比如,管理者平時疏於管理,對員工存在的問題沒有及時糾正,管理者在員工執行制度的過程中未能提供及時的協助等。因此,上級管理者的責任要追問。

三問前任。

在有些單位,有些工作不是由一個人完成的,比如,主管先把任務交給 A 完成,A 未能勝任,再交由 B 繼續執行。如果 B 最後未能執行到位,在追問他的責任的同時,還要追問 A 的責任。

四問檢查者。

員工存在的問題，檢查者未能及時發現，也要負責任。

五問用人者。

用人不當，造成任務沒有落實到位，用人者也要對此負責。

現實中，推卸責任的情況經常發生，但對於企業管理者來說，絕不能染上這種毛病。因為只有勇於承擔責任，管理者才能贏得員工的信任和支持，才能給員工樹立好的榜樣，才能讓員工聽從安排。

同樣的道理，管理者在向下屬問責的時候，也要牢記自己的責任。作為一個監督者，責任就是公平、公正地處理員工不遵守制度的行為。比如，公司規定不准在上班的時候穿拖鞋，員工明知故犯，管理者就要對其問責。在批評、處罰員工的時候，如果管理者忘了自己的責任，徇私情，表面上是為了員工好，實際上是壞了規矩，影響制度的權威性。對此，管理者要三思而後行。

對員工起表率作用的管理者，不但要學會承擔責任，還要表現出應有的魄力。在實際問責過程中，對於員工所犯的錯，要做到公事公辦地追究責任，不能像踢皮球一樣。具體怎麼做呢？不妨參考下面幾點。

1. 問責，要搞清楚核心內容

問責，核心是「問」。這裏的問有多層含義，但從本質上來看，它是一種監督。問責時，要打破沙鍋問到底，要把責任弄明白。問責時，要考慮權責對等，多大的權擔多大的責。問責對應的是責罰，責罰要落實到位，不能「光打雷不下雨」。問責不僅要追究當事人的責任，還要進一步探究管理規律，解決根源問題，避免以後犯同樣的錯誤。

2.問責，關鍵是敢動真格的

問責不是走過場，不能搞「花拳繡腿」，而要真正追究到底，把責任人找出來，進行相應的處罰。現實中，有些管理者在監督和問責的時候，怕得罪人，不敢追問到底，這是對本職工作不負責的表現，也是對企業不忠的表現。不敢問責就是不盡責，不盡責就要被問責，就應當被免職。

3.問責，最可貴的是自我問責

作為監督者、問責者，在追問別人責任的同時，也要有強烈的自我問責意識。古人雲「吾日三省吾身」，強調的就是自我警醒。時至今日，每一位管理者都應該保持自我反省、自我問責的精神。當員工接二連三地犯錯時，當員工不把制度放在眼裏時，監督者、問責者也應該問自己：為什麼我不能讓公司裏的問題少一點？我哪些方面還做得不夠？是不是我只是追究責任，忘了給員工貼心的引導？如果監督者、問責者能經常反問自己，那麼其監督、問責工作會做得更出色。

心得欄 _____

_____

_____

_____

_____

_____

8 給制度加上承諾保證

　　很多時候，制度到了基層，就成了一紙空文，原來怎麼樣，現在照樣怎麼樣，根本不把制度放在眼裏。也有一些企業，對制度也執行，但是思慮太多，所以普遍存在著思考太多、行動太少的現象。

　　其實，在制度建設中也一樣，制度的執行是關鍵，有制度無執行等於沒制度。也就是說，再好的制度，如果因為我們缺少落實的觀念和責任意識而得不到落實，那麼任何嚴格的制度都只能是形同虛設，如同一紙空文。所以，認真執行制度是一種責任，能否落實到位，將直接決定一個企業的命運。因為它一頭連著企業的興衰，一頭連著員工的生存。

　　因此，很多企業家都非常關心制度的執行，也在想盡一切辦法將制度執行進行到底，或者是建立監督機制，或者是主管帶頭執行等。但是，我們發現，即使這樣，很多時候也仍然不盡如人意。那麼，有沒有更好的方法來促進執行呢？有，用承諾保證執行，這一點我們可以從結婚中得到驗證。

　　現在許多人選擇在教堂舉行婚禮，在天花板上眾多《聖經》人物的注視下，新郎、新娘會向一位手捧《聖經》的神父承諾：無論將來是富有還是貧窮，無論將來身體健康還是不適，彼此都願意和對方永遠在一起。然後神父會以聖靈、聖父、聖子的名義宣佈：新郎、新娘結為夫妻。這個場面是西方婚俗裏比較常見的，也基本上

是他們必選的結婚方式。那麼，為什麼必須要在教堂舉行呢？這是讓上帝見證他們的婚禮，當然，這也是一種承諾。為什麼結婚要進行當眾承諾呢？社會家們發現，當眾承諾的伴侶比私自結婚的伴侶成功率要高得多。生活中是這樣，企業管理中也同樣存在著承諾。

使用這樣的承諾法，有什麼好處呢？我們發現，這是一種有效又好用的方法。有承諾就會有兌現，所以員工會自己督促自己嚴格執行計劃，結果表明，有承諾的目標、指標和沒有承諾的相比，其完成情況大不一樣。所以，我們看到，以明確的方式對未來的行為作出保證，當責任被承諾時，執行力將會倍增，也就是說承諾可以提升執行力。為什麼呢？

其實，人就是有這樣一種本性，我答應你的事情，我可能會不為你負責，但是我會為我的諾言負責。所以，很多時候，一個人，別人說他錯了可以，但說他不守信、說話不算數，他就會認為是對他人格最大的侮辱。因此，人們會格外注重自己的承諾，只要你留心觀察，就會發現好多推崇承諾的事例。

承諾要做到兩個方面：一是承諾內容；二是承諾方式。在內容方面，要承諾目標、品質和速度。如果只有目標沒有品質不行，只有品質沒有速度也不行，所以要三者俱全。在方式方面，要有承諾規則，不能不擇手段地去完成任務，所以，為了避免形成惡意競爭，必須要在規則下進行。與此同時，承諾還要公開化，就是把這些公開承諾全部上牆，讓人人天天都看得到，起到一個提醒的作用。

不僅如此，還有縱向承諾和橫向承諾。縱向承諾是指下級對上級，上級對下級的承諾。也就是說下級要對上級承諾，承諾你的工作目標；上級也要對下級承諾，承諾賞罰。橫向承諾，即先向客戶

承諾，然後二線向一線承諾，三線向二線承諾。也就是說內部要一個承諾一個承諾地鎖死，因為如果沒有內部承諾的支援，就很難實現企業的對外承諾。

比如，服務員向食客推薦菜品是向顧客的承諾；廚師做好保質、保量的菜肴是向服務員的承諾；採購員購買達到標準的材料是向廚師的承諾。因此，顧客是客戶，內部員工也是客戶，上一級工序是下一級工序的客戶。一級向另一級承諾服務了，

9 制度調整有必要性

每天開電腦的時候，殺毒軟體都會執行一次開機查殺，看電腦是否存在病毒。為了應對不斷出現的新病毒，殺毒軟體幾乎天天都要更新，這也是新形勢不斷變化的需要。

其實，國家也在不斷調整，美國建國兩百多年來，它的整個法律體系越來越完善，有人戲稱，如果按照紙的重量來稱的話，這些制度都有成千上萬噸了。由此我們可以看到它的制度的完善程度，就是這樣，它也還是在不斷地調整與完善當中。

這種制度保證了美國不斷地發展、進步，雖然制度可以保證國家的長盛，但一成不變的制度也會把國家送進墳墓。因此，制度不能是死東西，它是一個動態的過程，需要不斷地提升與完善，一成不變最終肯定會導致形式主義，使制度名存實亡。

對於企業而言,更需要不斷地完善制度。因為社會經濟在不斷地發展,企業面臨的市場環境也在不斷地變化,再加上員工隊伍、組織自身的發展變化,企業制度的即時更新成為一種必然要求,必須經常地、適時地對制度作出調整。當然這種調整不是天天變、月月變,而是當外界發生的變化導致企業自身在各個層面發生改變的時候,制度就必須變了,而且最好是變在前面,這樣主動權就掌握在了企業手裏。

好的制度一定是符合本企業的實際情況、適應本企業永續發展的制度。變的是環境,不變的是本色。它既要結合企業文化,符合我們的價值觀,又要保障企業在不同發展階段的運營,圓滿完成階段性任務;既要不斷促進企業資源的整合與完善,又要充分考慮到市場因素:既要有利於激發員工的積極性、主動性和創造性,又要適合員工的生理和心理承受能力。這樣調整出來的制度不僅不會成為企業永續發展的絆腳石,而且還將會促進企業效益的提升。

如何把握好制度調整的度?這是一個非常關鍵的問題,就像廚師炒菜一樣,最難掌握的就是火候,火候的大小決定了菜肴能否成為美味。同樣,制度的調整最難掌握的也是個度的問題。那麼,究竟調整多少合適呢?調整的比例適合企業的實際需要就可以了。

10 企業要長久，就要長期堅持制度

　　建立和鞏固制度，是企業持續發展的根本保證。當企業發展壯大達到一定規模後，加強制度建設是降低運營成本的最佳手段；當企業擁有了一定的知名度後，重視和推進制度化管理，是提升企業品牌價值的最佳途徑。可以說，企業要想做常勝將軍，必須重視制度建設，這直接關係到企業的成敗興衰。

　　作為企業的管理者，一定要善於將制度引入到管理中去，要讓每一個員工都認同制度，對工作產生興趣，對事業充滿熱情。只有這樣，才能充分激發出員工的進取心和創新能力，才能使員工以積極的心態迎接挑戰。

　　當然，僅僅制定了企業制度，也不能確保企業成為市場競爭中的常勝將軍。制度制定之後，關鍵在於執行，如何執行才是直接決定企業命運的關鍵。具體該怎麼做呢？

1. 基本制度要詳細嚴格地制定

　　一般來說，基本管理制度是針對整個企業而言的，它包括人事、薪酬、工作流程、部門管理規定等。在制定這些制度時，一定要結合本公司實際情況以及員工日常表現制定出詳細具體的制度，只有這樣，員工在日常工作中才能有所參照，有章可循。

　　遠大空調有限公司就是憑藉出色的管理制度，才在世界中央空調行業樹立起了一流企業的形象。在遠大，制度被視為生存與發展

的第一要素。遠大公司的制度涵蓋了工作的各個層面，制度檔體系由 50 余萬字和 430 多種表格組成，具有細緻、嚴謹、操作性強的特點。

遠大公司規定，一切工作都必須圍繞制度的編制、執行、修改進行。只有這樣，才能保證各部門之間可靠銜接，員工之間順暢溝通，產品品質穩定，工作效率大為提升。

2.管理者帶頭執行制度

很多公司有良好的制度，但執行效果卻不甚理想。究其原因，是因為管理者制定制度只是針對員工，自己卻淩駕制度之上，跨越制度、踐踏制度。這樣一來，員工因為沒有得到尊重和公平公正的待遇，嚴重挫傷了遵守制度的積極性和熱情。

管理者如果真想讓制度得到執行，最有效的做法是帶頭執行公司制度，讓員工以你為榜樣，把遵守制度變成一種自覺的行為，變成一種習慣。在聯想，由於會議特別多，如果總有人遲到，就會影響會議的進程。所以，聯想制定了這樣一項制威：誰遲到了就要罰站，罰站一定要站一分鐘，遲到者罰站的時候，會議會停下來，大家都看著遲到者罰站。這讓遲到者很難受。

聯想剛制定這項制度時，第一個遲到的人竟然是柳傳志的老主管——原電腦科技處的老處長。據柳傳志回憶說：「當他罰站的時候，站了一身汗，我坐在一邊，也是一身汗。後來我跟他說，老吳，晚上我到你們家去，給你站一分鐘，但是今天，你必須罰站一分鐘。當時真的很尷尬，但我還是硬著頭皮撐了下來。」

罰站，在很多人看來，或許是一件小事，但柳傳志卻嚴格地把它執行了，使其變成聯想的一種風格，成為聯想成功的因素之一。

所謂身教重于言傳,明智的主管者在執行制度的時候,往往一句話都不必說,只要做出應有的榜樣,就能起到良好的效果。

3.好制度要長期堅持,不要朝令夕改

如果企業有好的制度,就要長期堅持,而不能朝令夕改;否則,不僅不利於企業的長遠發展,也會挫傷員工的工作積極性。

IBM 自創立時起,就十分注重保持員工與高級管理人員之間溝通的順暢。為此,小沃森不斷尋找方法,他一方面調動公司的決策層,利用各種管道聽取普通員工的意見,另一方面則繼續堅持老沃森留下的「敞開大門」的交流措施。

在 IBM,有意見的泉工可以先向直接主管訴說苦衷,問題如果得不到解決,他們就有權直接找小沃森。這種制度不但為員工們主持了公平,而且還有助於公司的高層主管者發現一些內部潛在的問題。

雖然不是所有員工都會直接找小沃森本人溝通,但擁有一條誰都可以直接與最高主管人面談的途徑,這使 IBM 的員工備感安心,他們會在遇到問題的時候理直氣壯地找到自己的上司溝通、解決問題。在這種制度下,大部分的問題都被圓滿解決了。

11 違章必究，引起員工的重視

在制度考核中，發現員工違反制度規定時，一定要嚴肅處理。只有這樣，才能維護制度的威信，考核才能發揮「及時糾正員工不足」的作用。在這一點上，管理者應該學習這家 IT 公司總經理違章必究的管理方法。

管理者要認識到，懲罰的真正目的是讓員工對制度引起重視，從而積極改正不良行為。懲罰的方式多種多樣，但無論哪種處罰方式，都要與員工所犯的錯相適應，做到處罰得當，才能讓員工心服口服。這就要求在考核制度中事先規定相應的處罰措施，員工某些方面沒達到公司制度的要求，就受到相對應的處罰，這樣員工也就無話可說了。

管理者在制度考核過程中，面對員工的違章行為，一定要追究到底，切不可敷衍了事，否則，員工對制度就會不予重視。那麼，面對員工的違章行為，管理者應該怎樣做呢？

1.制度面前，不徇私情

企業制度並不只是針對普通員工，而是面對公司所有成員，包括管理者在內，沒有人在制度面前享有特權。所以，管理者在懲罰犯錯誤的員工時，不能徇私情，只有這樣，才能讓員工信服。

蘋果公司規定，在規章制度面前，管理者沒有任何特權。無論你處於什麼位置，只要觸犯了公司制度，就要受到懲罰。正如約伯

斯所說:「在蘋果公司,你不會看到你不想看到的一切制度存在。沒有任何人是具有特權的,我也曾經觸犯過制度,因此也受到了相應的懲罰。」

由此可見,蘋果公司之所以能夠經久不衰,不斷製造出讓人耳目一新的產品,與它本身的這種不徇私情的制度是分不開的。在公司制度面前,一定要做到人人平等,不徇私情。只有這樣,才能讓企業步入一流的行列。

2.處罰不是目的,要讓員工意識到自己錯在哪里

在處罰員工的時候,一定要讓員工知道他錯在什麼地方,還要讓他明白,他的錯違反了哪一條制度規定。這樣,員工才能從錯誤中吸取教訓,不會再犯同類錯誤。

斯皮斯皮革公司的制度管理很嚴格,懲罰力度也很大。員工經常因為工作失誤而被解聘,人員流失很嚴重,這種情況使得公司的人員管理成本居高不下。公司主管漸漸意識到:獎勵和懲罰只是管理的手段,而不是最終目的。要想讓獎懲發揮預期的作用,就必須將其與教育相結合。

於是,公司改變以往的管理方式,面對違章的員工,不再是簡單地解聘員工了事,而是根據公司規定,略施懲罰;同時,管理者還明確指出員工的錯誤所在,主動向員工詢問工作上的問題,和他們共同探討工作中的不完善之處。

一段時間後,這些員工終於找到工作的竅門,在工作中失誤也大大減少,工作積極性明顯提高,工作效率隨之飆升;同時,公司的人員流失率也得到了有效控制,公司的人員管理成本也降低了不少。

3.掌控好懲罰的「度」

美國管理學家彼得‧帕利曾經說過：「在獎懲之間，有一個無形的東西，它既不是原則，也不是規律，它看不見，摸不著，只可意會不可言傳。有人稱它是『平衡如何獎勵與如何懲罰的槓杆』，我稱它為『度』。無論是獎勵還是懲罰，你都需要掌握一個『度』。」確實如此，管理者在懲罰犯錯誤的員工時，應該掌控好「度」，不能因為懲罰而傷了員工的心，讓員工喪失工作積極性，甚至是撂挑子不幹。

4.考核員工態度不能只看表像

很多管理者在進行態度考核時，只注重表面現象，而看不到問題的實質。例如，在很多公司，實施打卡制度，認為只要下班加班的員工就是好員工，至於員工在此期間做了什麼，做出哪些業績，則全然不顧。這樣一來，對於那些工作效率高、下班不加班的員工來說，是極為不公平的。

有個年輕人，進入一家公司工作一個多月，每天都能保質保量地完成工作，工作中沒有出現任何紕漏和生產事故，唯一的「不足」就是每天準時下班。但讓他不解的是，公司主管在月末的績效考核中，給他打了一個差評，理由是他沒有主動加班的精神，說他工作態度有問題，不敬業、太懶散。

與他相比，那些老員工就聰明許多，每天上班懶懶散散，說話閒聊，上網聊天，淘寶購物，工作完不成，下班的時候加班，硬是拖時間，磨「洋工」，主管一看，大家真敬業，下班了還不走，心裏有一種莫名的自豪感——我的員工真賣命。因此，他們在績效考核中得到的都是好評，績效工資照單全收。

　　事實上，那些喜歡下班後「加班」的員工，每天的工作狀態和工作效率，並沒有那位上班好好幹活、下班準時走人的年輕人工作效率高。可是，誰叫公司主管只認「工作態度」，不認工作成果呢？誰叫公司主管只認「加班就是敬業，準時下班就是懶散」呢？

　　把加班當成敬業，把準時下班視為不敬業，這種事例時常耳聞，不看業績，只看表像的管理者大有人在。如果管理者真的認為這才是敬業，那麼這家企業肯定走不遠。因為這種只看表像的做法只會磨滅真正敬業者的積極性，使懶散、混日子的員工留下來。

5.明確態度考核標準，並及時予以獎懲

　　管理者在進行態度考核前，可以先將工作態度的考核指標列出來。比如上班時間不說話、不上網聊天、不網路購物、不流覽與工作無關的網頁，還有配合同事工作，保質保量地完成工作任務。將這些條款列出來之後，公佈給員工，讓員工明白自己應該怎樣做才符合公司的考核指標。

　　然後，管理者在平時的管理中，可以針對員工較好的表現予以獎勵。比如，當員工積極配合同事，協助同事完成工作時，管理者可以找准機會表揚員工。當員工出色地完成任務時，給員工一些獎勵。

12 只有得到執行，制度才能發生效用

　　制度定好之後是不是就萬事大吉了，當然不是，要執行而且還要常抓不懈。一位偉人曾經說過，抓而不緊，等於不抓；抓而不實，等於白抓。說的就是要有一種常抓不懈的落實精神。只有緊抓落實，嚴格按規章制度辦事，該如何處罰的及時處罰了，制度才會有威懾力，違反制度者才會吸取教訓，下不為例，逐步矯正不良習慣。只有及時處理了，才會起到殺一儆百的效果，大家就會知道今後不應該再違反了，如此一來就會慢慢形成良好的習慣，從而形成良好的規則意識，最後人人自覺遵守制度。一旦形成一個良好的文化氛圍，達到自治，那麼今後的管理就會事半功倍。

　　制度的生命力在於執行。客觀地看，現在有一些企業制度定了不少，其中也不乏好的制度，但由於不善抓落實，制度的有效實施受到了嚴重的影響，致使一些好的制度也無法發揮應有的效用。

　　有一家大型國有企業因為經營不善導致破產，後來被日本一家財團收購，廠裏的人都在翹首盼望日本人能帶來什麼先進的管理方法。出乎意料的是，日方只派了幾個人來，除財務、管理、技術等要害部門的高級管理人員換成了日本人外，其他的根本沒動——制度沒變，人沒變，機器設備沒變。日方就一個要求：把先前制定的制度堅定不移地執行下去！結果不到一年，企業就扭虧為盈了。

　　道理就是這樣簡單，想要企業生機勃勃，就要注重執行，無條

件地執行！

　　許多企業都制定了成套的管理制度、規章標準，大到廠規廠紀，小到領物規定、作息規定。制度和規章是為了用的，而不是為了走形式。有一些企業，規章制度不少，但只是一些「花瓶」，是為了給人看，為了得到上級的一句表揚，為了得到參觀者的一句美言，只掛在牆上，只裝訂成冊，卻沒有真正實施。規章定得再多、再全、再完善，如果不從牆上「走」下來，反而會產生副作用。

　　規章制度形同虛設是許多組織在管理中造成失誤或失敗的重要原因。

　　某公司財務處發生重大案情：財務室被撬，牆邊的保險櫃張著巨口，櫃內 50 萬元現金不翼而飛。受金融危機的衝擊，公司本來就資金緊張，第二天急需的購料款一下子沒有了著落。

　　該公司失竊的保險櫃是國內最先進的保險櫃之一，上面配有報警和密碼裝置，並且密碼系統由電腦控制，還能產生電擊。對於這樣的保險櫃，盜竊分子如何能得逞呢？

　　後來查清，問題出在使用保險櫃的出納身上。雖然公司對於財務室的保管定有一整套的規章和制度，但是這位出納卻置若罔聞。他覺得那保險櫃雖好，但用起來太麻煩，便長期擱置不用。直到一個月前，他把舊保險櫃鑰匙丟了，才把這閒置的保險櫃從角落裏「請」了出來；可他又怕一不小心遭電擊，便不接電源；又怕忘了密碼，就按數位的大小順序編了 6 位數的號碼；再怕丟了鑰匙，索性把鑰匙扔在辦公室的抽屜裏。結果，竊賊做案時，先從他的抽屜裏取出保險櫃鑰匙和使用說明書，隨便研究了一下，便輕易地打開了保險櫃。

失竊後，儘管公安部門接到報案後火速行動，並在半個月後將犯罪嫌疑人抓獲。但是，該公司一時無法籌集購料所需資金，最後因不能按時交付訂單而錯失了商機，一個巨大的客戶被附近的同行奪去了。

顯然，這家公司的敗局是由沒有很好地執行管理制度造成的。如果公司認真落實有關管理制度，定期對財務室進行檢查，可能也不會發生這樣的失竊事件了。

沒有人會十分在意是否有人去強調和檢查制度，這就自然造成它的可有可無性，既然如此，誰還會花費更多精力去做呢？剷除這一惰性的最有效辦法就是查、核。

檢查與考核是管理員工的一對孿生兄弟，只查不核，檢查缺乏力度；只核不查，考核便失去行使依據。強有力的查、核是推進各項制度落實的銳利武器。不檢查、不督促，就難以保證制度有效的執行。因此，跟蹤檢查應該成為管理者一項日常性的工作內容之一。

查、核是一道強力「防火牆」，查、核的過程既是落實制度的過程，也是揭露問題和修正錯誤的過程。對於檢查中暴露出來的問題，能當場糾正的絕不留到日後去處理；如系複雜問題不能當場解決的，應立即彙報至有關部門抓緊處理。世界零售鉅賈沃爾瑪有一個著名的商業原則，那就是「日落原則」，即要求沃爾瑪的所有員工，當天的事情必須在當天完成，也就是要在日落以前結束當天應幹的事情，做到日清日結，絕不拖延。這一原則同樣適用於檢查工作，如果把檢查工作作為日常性工作的話，暴露出來的問題就不應拖延到第二天。蟻穴也能毀堤，世界上許多本不該發生的故事就是這樣發生的。

任何制度，沒有了監控與考核，都會不了了之，這是人類的惰性使然，因為懶惰是人的天性。但是事業和企業要發展，就必須克服惰性，其中非常重要的一個方法就是加強監控，同時配以公正的考核，並且運用好獎懲機制進行導向。無論是誰違反規定，都要嚴格按地照規定進行行政的、經濟的處罰，絕不能視物件不同而不同對待，甚至是姑息遷就。否則，因違背規則沒有得到懲罰，即違背規則的機會成本很低，潛在收益可能很大，則大家就沒有積極性去執行規則，反而有積極性去違背規則。規則一旦被破壞，哪怕只有一次，就失去了作用。要一視同仁、公平公正，堅持原則、常抓不懈，做到嚴制度、嚴要求，守者獎、違者罰，養成按章辦事的優良作風，營造尊崇制度的良好氛圍。

13 制定企業標準化流程

實際上，流程管理背後的科學道理不僅包含簡單化，更包含標準化，沒有標準的簡單化只能是自欺欺人，而沒有簡單化的標準，也無從貫徹。

麥當勞在創立初期只是美國伊利諾斯州的一家普通餐廳，而今天的麥當勞在全世界上百個國家擁有 2 萬家餐廳，每天為 3000 多萬人服務，平均每 3 個小時就開一家新餐廳。這一切都來源於他們「將簡單的事情標準化」的經營管理理念。

　　按道理說，麥當勞這樣的速食製作流程工藝已經簡單到不能再簡單，既不需要長期的培訓，也不需要複雜的工藝，和舉世聞名的中餐根本無法比較。但是，麥當勞的管理者卻對這些簡單的事情做到了最嚴格的標準化：機器切出的牛肉餅，重量是 47.32 克，直徑 98.5 毫米，厚度 5.65 毫米，脂肪含量不得超過 11%，必須進行 40 多項品質控制檢查；從冷庫拿到配料台的生菜只有兩小時保鮮期，一旦過時就報廢；炸薯條超過 7 分鐘；漢堡包超過 10 分鐘沒有賣出就扔掉。在服務上，麥當勞同樣講究標準化，用嚴格的規範約束員工的服務流程，例如，所有的店員必須面帶微笑；不能讓顧客排隊超過兩分鐘；點餐後必須在一分鐘內送上食品；男性員工不許留長髮；女性必須戴髮網，不許濃妝豔抹；連洗手都有標準化的程式：打開水龍頭，把手打濕，按下洗手液開始洗手，用水沖乾淨，再用麥當勞特製消毒液消毒，雙手搓揉二十秒後沖洗，沖洗時要到手肘，最後用擦手紙把手擦幹，並用擦手紙包住水龍頭關閉，然後再丟棄到垃圾桶……

　　正因為麥當勞的管理者能夠如此不厭其煩地將每個看似簡單的細節都用標準化管理起來，這些簡單的事情才得到有效的保障，成為打造麥當勞整體形象的有效資本，提升了麥當勞的服務品質，從而讓它獲得了其他餐飲企業望塵莫及的擴張效率。

　　管理者對標準化流程的設計固然重要，但實際上推進標準化的執行更加重要。這是因為標準化流程的實施涉及企業的方方面面，必須讓企業的全體員工都能認識到其重要性，主動按標準進行管理、操作和執行，否則，就談不上「簡單的事情標準化」。

為此，管理者應該首先針對具體崗位提出具體的標準化要求，例如，在不少日本企業的生產領域，操作工在工作過程中總是口中念念有詞，喊出口令讓自己按照規範流程操作，這正是企業管理者不斷要求和推進的結果，也是他們根據具體崗位設計出來的方法。其次，管理者還應該做好保障，為標準化的實施提供充分的條件，例如水、電、機器、局域網、溫度等等一系列的客觀環境，都應該達到實際要求。最後，管理者還應該對標準持續進行有效的改進，例如，及時糾正標準中那些設計不合理之處，避免因為新問題產生損失以及將新的研究成果或生產經驗納入標準體系，通過迴圈不斷提高標準化作業的水準。

越來越多的企業管理者都發自內心地承認，標準化的確給自己的企業帶來了從未有過的活力，相信隨著企業自身的發展、管理者眼界的開闊，更多的企業將走上「簡單的事情標準化」的寬闊大道。

企業是一個有機組織，如果員工做事沒有規範，彼此之間職責不清，越位、錯位、缺位現象嚴重，那麼這個整體的工作效能就會受到很大的影響，從而降低企業競爭力。許多企業規模很大，營業額很高，但最後的利潤卻少得可憐，與這種工作混亂導致管理成本增加有很大的關係。

著名的企業管理大師彼得‧德魯克曾說：「管理得好的企業，沒有轟轟烈烈，有的只是平淡無奇。」這是企業流程化管理的外在表現。矩陣式管理把 ABB 打造成了一個真正的國際化企業，成為世界企業巨人；GE 的前 CEO 傑克‧韋爾奇將 GE 的市場價值在短時間內提升到全球榜首，就是通過流程再造實現的；而以客戶需求為核心的流程體系幫助中國的海爾在 5 年的時間內形成創業以來最核心

的 BPR 與市場鏈。

好的程序控制產生好的結果，所以，企業要想保持競爭優勢，就應該不斷完善和發展優秀的管理流程以獲得最佳結果。

企業發展到一定規模後，已經很難任一己之力管理全部業務，這時如果企業缺乏組織流程上的準備，管理團隊流程意識模糊，主管者就會陷入事必躬親的誤區。並且，員工也准以分清職責，將會無形中消耗掉企業發展的後勤。因此，從單純的業務流程升級為管理流程，是提升企業整體水準的重要一環。沒有規範的流程，管理將成空談。所以，制定簡單明確的流程並堅決執行是企業管理的關鍵。

企業不管在哪個階段都需要流程來管理和控制整體的進步和發展。流程管理就是溝通、協調、傳達、執行、監督。做好流程管理有利於企業大方向的確立，有利於工作效率的提升。

在一家海鮮飯店裏，小王邀請了自己三個要好的同事，大家選了一個 4 人座的餐桌坐下後，點了一些海鮮與啤酒，四個人一邊吃，一邊開心地聊天，等到酒足飯飽後，小王喊一個服務員過來結賬。

當時，飯店裏的顧客很多，但是，還是有一名服務員很快拿著小王這桌的帳單走過來了。

服務員禮貌地說道：「先生您好，您一共消費了 428 元，這是您的帳單。」說完就將錢夾裏夾的一張帳單交給了小王。

小王瞄完帳單後，從自己的錢包裏拿出 500 元人民幣交給服務員，並且說道：「不好意思，因為我們接下來還有很重要的事情，能麻煩你給我們快點結賬嗎？」因為小王看到這家飯店

顧客盈門，擔心結賬時間會比較長。

　　服務員點完錢並用驗鈔筆驗證好後，就收進了錢夾，並同時從錢夾裏拿出幾張零錢，沒有清數就將錢交給了小王。

　　小王接過零錢數了一下，剛好是 72 元，繼續問道：「能給我開張發票嗎？」

　　服務員又從錢夾裏翻出一張發票交給他，並說道：「先生，這是您的發票，請收好。」

　　小王忍不住讚歎道：「你真是服務周到，沒想到你們的工作效率這麼高。」

　　服務員開心地笑著說：「謝謝。其實，就在上個月來我們飯店消費的客戶每當結賬的時候還要等一會兒，只不過我們老闆在某地出差時發現這個方法很實用，於是就要求我們也這麼做了。」

　　小王一邊站起來，一邊感興趣地問道：「那麼，實行這種方法後，平均每個客戶能節省多少時間呢？」

　　服務員一邊殷勤地為小王拉開座椅，一邊回答道：「在此之前，當客戶要求我們結賬的時候，我首先從櫃檯取來帳單，然後拿著顧客給我的錢再去櫃檯換取零錢與發票，來回需要折騰大約 10 分鐘。可是，現在我們的服務變得更快捷了，只要顧客要求結賬，櫃檯就會交給我們一個錢夾，裏面裝的是零錢與發票，如果客戶給的是整錢，就能當場結賬，如果需要找零，也能很快完成。如此一來，就能節省差不多 10 分鐘。」

　　上述這個案例就說明好的流程不但能讓客戶滿意，還能提高效率。

企業要提高員工的工作效率，就必須進行流程再造。為此企業管理人員要做好以下幾點。

14 違反制度，及時懲罰

想要讓企業管理制度執行到位，成為真正的「老虎」來威儡員工，督促員工努力工作，就一定要嚴格規定員工在違反制度後所受到的懲罰。這是保證企業制度得到高效執行的一種強有力的措施。

索尼公司的創始人盛田昭夫曾經在英國開設了自己的工廠，打開了日本產品進駐歐洲市場的新步伐。當時，盛田昭夫為了將索尼文化和其影響力帶到歐洲，所以設立了一系列既人性化又獎罰分明的制度。

盛田昭夫一開始很擔心英國人會因為一些制度的不合理而提出罷工，所以，在制度上，盛田昭夫制定了十分合理的條例。例如，人人平等、一視同仁，不會因為英日之間的文化和傳統而產生分歧等。這些人性化制度的制定，的確讓英國工人感受到了索尼公司的開明和民主。但是，這也造成了英國工人的過分放鬆和張揚。

後來，盛田昭夫發現，在英國的索尼公司生產進度明顯減慢，而且，生產工廠裏也沒有紀律性。更為重要的是，很多工廠工人，不按照流水線的正常工序工作，他們會採取一些跳躍

式方式來工作，這讓盛田昭夫感到十分生氣。

　　於是，他立即召集了英國索尼公司的相關負責人，以及工廠的工人代表們召開了會議，並且在會議上提出了新的規章制度。在這個新制度上，盛田昭夫明確制定了嚴厲的懲罰條例，並且設立了品質檢查制度，對流水線的生產品質進行檢查，一旦出現違規者，將嚴懲不貸。

　　後來，在這項制度的實施下，英國索尼公司的工人們紛紛嚴格按照規章制度辦事，一段時間之後，英國索尼公司生產的進度也逐漸趕了上來，這為索尼公司在歐洲開闢新市場提供了重要的條件。

　　索尼公司的這個事例充分說明，唯有懲罰才能讓那些違反制度者真正地記住制度的執行力才是最強大的。在執行力面前，一切違反規定的行為和人都將受到嚴懲。

　　事實證明，制度嚴格的公司持續的時間往往會很長，而一個既有嚴格制度，又對違反制度者及時做出懲罰的公司則會更加強大和穩定。但是這並不意味著，只要員工違反制度就一定要將其嚴懲。其實，企業管理者可以根據員工所違反制度的嚴重性以及員工本身對公司的意義和價值來進行靈活處理，但是切不可因為裙帶關係或者其他的一些私交而放任自流。管理者一定要做到兩點：一是，對違反制度者要及時懲罰，在此，要突出「及時」二字；二是，制度面前保持人人平等的同時，要靈活運用。

　　只有做到以上兩點，才能讓員工在嚴格遵守制度的同時，還不至於將其工作積極性打垮。這樣的管理者才能彰顯出公司管理的實力。管理者還要注意，在處罰違反制度者的時候，不要盲目嚴懲，

從而讓自己背上了罵名。比如 20 世紀 70 年代，日本的伊藤洋貨行的老闆伊藤雅俊突然開除了當時該洋行業績一流的岸信一雄。原因是岸信一雄違反了該洋行一些簡單的規章制度。伊藤雅俊絲毫不念往日岸信一雄為該洋行做出的巨大貢獻而將其開除。這種過分的嚴懲導致了日本商業界一片罵聲，連當時日本輿論界也紛紛指責伊藤雅俊的極端做法。

然而，更多的企業管理者往往總是「心太軟」，對那些違反制度的人太過仁慈，沒有做到及時懲罰，從而導致整個企業員工人心渙散，執行力大大下降。

很多管理者往往向那些鐵腕領袖們學習，比如在公司制定一些「斯巴達」式的制度要求，對那些違反制度者一律嚴重懲罰。即使是員工違反了一些類似「上班時間不能聊天」、「遲到早退」等一些細節化的制度，要受到克扣眾多獎金或者加班等懲罰。這些管理者內心大多有一種：「來我這兒，就要遵守我的制度」的思想。但這樣的懲罰卻有些誇張和過激，極易引起員工的不滿和抱怨。

現實中，有很多公司往往對員工要求苛刻，哪怕員工做錯了一件小事也要嚴懲。例如，一家報社規定：出現三次拖延交稿者，將克扣一個月薪水。這樣的規定顯然是有些苛刻，而且絲毫沒有站在員工的位置上思考。而類似這家報社這樣的「重罰」制度，其實還有很多公司在默默地實行。

對違反制度的事件，要分輕重緩急，重點是要做到及時懲罰

身為企業管理者，如果對違反制度的人放任自流，那麼會造成員工的不滿和抱怨；而如果對其進行嚴重過度的懲罰，那麼也會引發一定的反響。因此，管理者必須要注重輕重緩急，對違反制度者，

一定要根據事情的輕重來及時懲罰。因為及時地懲罰違反制度者，是對其他員工的一種警示，給那些欲違反制度的人內心一種打擊，以此來制約他們去好好工作。原因三：太過仁慈，口頭上懲罰力度遠遠不夠，不能起到警示作用很多企業管理者總是在員工違反制度之後只進行口頭批評。這樣一來，其懲罰力度就不夠，難以起到警示作用。而長久下去，員工對制度的執行力就會大打折扣，最終企業管理者的制度將會變成名副其實的「紙老虎」。

隨著社會上「人性化」、「民主化」口號的盛行，很多企業也將人性化制定到了制度中。然而，有時候，過於人性化就成為一種「心軟」，那麼它就不能起到正面的作用了。比如有這樣一家旅行社，一位業務員由於失誤，給客人介紹錯了旅遊路線，造成客人在金錢和時間上大量流失，於是旅行社遭到了該客人的投訴。然而，事後，旅行社老闆並沒嚴厲懲罰這位業務員，而是對其口頭批評，並讓其作了一份檢查報告。可見，這樣的懲罰力度實在是太過「心軟」。

用實際的懲罰代替口頭批評，讓違反制度者牢記制度的重要性管理者不能只用口頭批評這樣的方式來懲罰違反制度者。對違反制度的人做出懲罰的目的就是要讓他記住制度的重要性，以及違反制度之後的後果，以此來作為警示。因此，管理者必須要對其做出深刻的懲罰，才能讓違反者對制度牢記於心。

15 向員工明示執行的重要性

　　制定好的制度只是第一步，關鍵是要執行制度。有些公司管理得不好，不是沒有好的制度，而是存在重視制定制度、輕視執行制度，或者在執行中虎頭蛇尾，不能堅持，使制度流於形式，成為寫在紙上、掛在牆上、說在嘴上的空話。如果你想把企業管理好，使企業穩步發展，就應該強調把好的制度落實到實際工作中去。

　　在古代，有諸葛亮揮淚斬馬謖的故事，這是軍中制度執行的典範，現今也有康佳、聯想等公司嚴格地執行制度的故事。在聯想，其競爭力主要通過制度的剛性體現出來。這種剛性可以幫助員工克服先天性的弊端，保證制度落到實處。所以，康佳、聯想等公司才能不斷壯大、穩步提升競爭力。

　　不少企業破產或倒閉後，人們總喜歡把原因歸咎於決策失誤。殊不知，很多時候，決策或制度並沒有錯，錯在知而不行。經過集思廣益作出的決策或制定的制度，如果沒有被付諸實踐，或在執行過程中有任何猶豫或搖擺，都會產生嚴重的不良後果，甚至會導致全局的失敗。

　　眾所周知，制度一旦建立，關鍵在於執行，只有嚴格落到實處的制度，才具有真正的生命力。任何一項制度，如果離開了執行力，無論它的構架多麼科學合理，多麼完善，都將無法發揮本身的效力。所以，管理者必須在企業內樹立一種執行理念。為此，管理者

需要做到下面幾點。

1.讓全體員工明白：執行比制度更重要

軟銀公司的董事長孫正義曾經說過：「三流的點子加一流的執行力，永遠比一流的點子加三流的執行力更好。」同樣，管理企業也是這個道理，關鍵就是把制度執行落到實處。執行力，對個人而言，就是把想幹的事情幹成的能力；對企業而言，執行力就是把戰略計畫一步步落實的能力。

我們知道，每個公司都有自己的制度、管理規則，但這些都是紙面上的東西，如果沒有得到很好的落實，再完善也是沒用的。相反，即使是一些簡單的制度和規定，如果能真正落實到位，也能產生巨大的力量。管理者應該努力灌輸制度執行的理念給員工，引起員工的高度重視。

2.重視培養員工的執行力

管理者是戰略執行的重要主體，在重視自身執行力的同時，還必須重視培養員工的執行力。培養員工的執行力，是企業總體執行力提升的關鍵。在這方面，IBM 公司做得非常出色。IBM 擁有世界上最強大的銷售團隊，還有最完美的售後服務。之所以做到了這些，就是因為 IBM 公司重視對每位員工進行詳細的培訓指導。

IBM 公司規定：每位表現優異的員工，都要帶領一名新員工或表現不佳的員工，對他們進行一對一的培訓指導。正是有了這樣的制度規定，才使得 IBM 公司的整個團隊具有強大的執行力，能夠保證制度的落實和公司總體戰略的實現。

3.讓員工抓好制度這根「繩」，若鬆手必受罰

偶然間，看到兩位幼稚園老師帶著一群孩子過馬路。只見

孩子們排成一隊，每人都緊緊握著一根長繩子。繩子的兩頭由兩位年輕的老師拉著。有位小朋友過馬路的時候，鞋子掉了，但他沒有停下來穿鞋子，而是繼續向前走，直到過完馬路，才從老師手中接過鞋子穿上。

這一幕讓人心生敬意。孩子為什麼整齊地列隊前進，即使鞋子掉了也不停下來呢？老師的回答是：「道理很簡單，因為孩子如果鬆手，就當不成好孩子，這對他們是最大的懲罰。」

企業制度為什麼得不到落實呢？很重要的原因是沒有具體的懲罰措施。員工沒執行也沒關係，反正不會受到懲罰。這件小事啟示管理者們，要想讓員工堅定不移地執行制度，就要在員工心中紮下制度的「根」，製造制度的「繩」，並明確地告訴員工：如果你鬆手了，將受到懲罰。

16 執行是從老闆開始的

然而，有不少企業的主管者認為，制度制定出來是給員工執行的，自己位高權重，無須事必躬親。他們站在高高的山頂，思索策略性問題，制定嚴格的制度，並用美好的願景激勵下屬，用嚴肅的制度約束下屬。與此同時，自己卻搞特殊，屢屢做出與制度相衝突的事情。在這種情況下，制度的權威性和嚴肅性就會遭到破壞，主管者的個人影響力也會大大減弱，甚至會造成整個企業的執行力低

下。

　　企業執行力低下是有原因的，這些原因與最高管理者都有直接或間接的聯繫。

　　第一，管理者認為企業執行力低是因為員工執行力低。

　　很多管理者習慣性地關注員工的執行力，認為員工個體執行力低，造成了企業的執行力低，並沒有思考自己的執行力問題。殊不知，很多時候是因為自己沒有嚴肅地執行制度，沒有嚴格地抓制度執行，才會逐漸導致企業整體執行力低下。

　　第二，管理者認為執行力是一種技巧，不是一種風格、理念和制度。

　　不少管理者認為，執行力是一種技巧，只要在短期內或在關鍵時候抓一抓，就可以提高企業的執行力，而沒有把執行力當做問題來抓，也沒有當做制度來執行，還沒有把執行力當做風格來培養，更沒有把執行力當做理念來灌輸。這樣就會導致執行力時好時壞，公司的整體執行力也得不到提升。

　　第三，管理者只重視結果，卻不重視制度執行的過程管理。

　　很多管理者把制度制定出來後，就看制度執行的效果如何，至於員工為什麼沒有遵守制度，為什麼沒有做到制度規定的那樣，卻不去思考和找原因，認為有結果就行，沒有想要的結果，就按制度處理。這樣做會錯失完善制度的機會，打擊員工執行制度的積極性。因為有些制度執行不下去，很可能與制度本身的合理性、實用性、可操作性有關，如果管理者發現制度存在的問題，及時完善制度，那必然會對公司的發展有所幫助。

　　這三種情況都會造成整個部門、整個公司的執行力低下。實際

上，在整個執行系統中，管理者是關鍵。如果管理者認為管理工作不需要執行力，所謂執行就是命令下屬執行命令、制度、規定，那麼說明管理者沒有正確地定位自己的角色。企業要想提高整體執行力，重點工作應放在各層管理者身上，只有當管理者真正地去執行制度，才會形成一種強大的執行影響力，帶動企業上下去積極執行制度。

管理者要想在制度執行方面做好表率，給員工做好榜樣，帶動大家提升執行力，就必須做到下面幾點。

1.要一手抓制度，另一手抓執行力

管理者在制定制度的時候，要考慮到可操作性，保證全體員工能有效地執行制度。因為再好的制度，也只有成功執行之後，才能顯示出其價值。因此，管理者必須既重視制度的制定，又重視制度的執行，做到一手抓制度，另一手抓制度執行，兩手都要硬。這對企業的成功是缺一不可的，是企業未來發展的指南。

2.要牢記自己是執行最重要的主體

許多管理者把制度和執行力割裂開來，認為自己只是負責制定制度的，至於執行那是下屬的事情。因此，細節性的制度，他們不執行、不遵守。這種做法是絕對錯誤的。相反，執行制度應該是管理者最重要的任務。真正優秀的管理者，總是善於腳踏實地地遵守制度，比如柳傳志。同時，只有當主管者積極參與制度的執行，才能準確並及時地發現制度和策略是否能夠實現，才能根據執行經驗不斷調整制度或策略。

3.執行制度的時候也可以酌情變通

有時候，憑藉主觀經驗和已有知識制定出來的制度，可能不那

麼完善。加之事物處於不斷發展變化之中，在實施管理的過程中，會出現許多新情況、新問題。因此，克服制度本身存在的缺陷，不斷調整和完善制度，需要管理者學會「變通」。值得強調的是，這裏的變通絕對不是藉口，而是管理企業必要的智慧。

17 管理者要做制度執行的表率

　　企業老闆、管理者在管理中要求員工遵守公司的規章制度，而他們自己卻不積極做表率，維護企業管理制度的權威性。有些企業老闆、管理者甚至成了規章制度的最大破壞者，經常理直氣壯地違反制度規定，他們的理由是：制度是給員工制定的，對管理者無效。

　　有句古話叫「上樑不正下樑歪」，對於管理者的言行舉止，員工往往會不自覺地效仿。管理者一面要求員工遵守公司的規章制度，一面又違反制度規定，這種自相矛盾的做法很難服眾。

　　管理者是企業的發號施令者，更是公司的排頭兵。管理者的表現如何，大家都看在眼裏，記在心上，有樣學樣。要想大家都遵守制度，管理者務必身先士卒，為大家做榜樣，這樣才能樹立制度的威信，給員工積極的影響。

　　公司老闆曾多次口頭要求開會期間不允許接打電話。可是在開會期間，有些部屬和員工沒當回事。據反映，有些業務骨幹一邊拿著電話，一邊說：「對不起，是一位元大客戶的電話，

很重要，必須接。」只有黃先生本人參加會議時，大家才自覺地把手機調到震動狀態或靜音狀態。

老闆意識到這個問題的嚴重性後，特訂出一項會議制度，明確規定會議期間不得隨意接打電話。為了給這項制度樹威立信，制度出後的第一次會議上，叫人提來一桶水放在會議室，然後對大家說：「從今天開始，誰在會議上接聽電話、發短信，一律將其手機扔進這桶水裏。」話音剛落，老闆的手機響了（可能是事先安排的），他毫不猶豫地將手機扔進水裏。頓時，會場全體人員一下就怔住了。緊接著，又有一個中階管理者的手機響了。老闆走過去，將他手機拿過去，毫不留情地扔進水裏。他的這一舉動，讓在場的所有人都意識到違反制度的後果。從此以後，開會期間大家乖乖地把手機關機。

公司制度是給全體成員遵守的，老闆、管理者都屬於公司的一員，怎麼能逾越制度之上呢？管理者如果不遵守制度，意味著對制度、規則的破壞，不但會使制度失去威信，還會嚴重損害管理者的影響力。

聰明的管理者絕不會凌駕於制度之上，不會對下屬說：「照我說的做，按制度說的做！」而是對下屬說：「跟我這樣做，按制度去做。」帶頭為下屬做遵守規章制度的表率，這樣可以很好地激勵下屬，凝聚人心，提升團隊戰鬥力。

日本著名企業家松下幸之助曾經表示，要想提高企業的效益，管理者要以身作則，起帶頭作用，讓下屬從一開始參加工作，就養成敬業的工作習慣。正如孟子所說：「有大人者，正己而物正者也。」管理者要學會自律，正人先正己。

　　有一次，巴頓將軍率軍行進，途中汽車陷入泥潭。巴頓將軍命令士兵道：「你們趕快下車，把車推出來。」士兵們按照命令下車推車，拼盡全力終於把車推出來了。當一個士兵準備抹掉身上的污泥時，他驚訝地發現，身邊還有一個滿身淤泥的人，他就是巴頓將軍。這個士兵一直記著這件事，直到巴頓將軍去世，他才在巴頓將軍的葬禮上，把這段故事告訴巴頓的夫人：「夫人，我們敬佩他！」

　　不論是在執行具體的任務上，還是在執行制度時，管理者都應該像巴頓將軍那樣，拿出積極的態度，帶頭和下屬戰鬥在一線。因為下屬的狀態，有時候取決於領袖的狀態，領袖所展現出來的榜樣，是下屬學習的標杆。所以，如果你希望下屬認真遵守規章制度，不妨先做出榜樣給他們看，這對員工才有激勵作用。

　　有些管理者在執行制度時，只重視一些大問題，而不把小事放在心上。比如，上班遲到、開會時接電話、不注意節省公司經費等。這些小事看似不起眼，管理者忽視掉也很正常，但如果管理者能嚴格地要求自己做好這些小事，將會給管理者形象加分，提升管理者的領袖魅力，這樣更容易贏得下屬的稱讚。

　　日本企業家土光敏夫就是一位非常注重執行制度中的小事的管理者。他剛剛出任東芝電器社長時，公司浪費現象十分嚴重。他當時推出一項關於節約的制度，並為全體員工做出了表率。

　　有一次，一位東芝的董事想參觀名叫「出光丸」的巨型油輪。土光敏夫已參觀過這艘巨型遊輪多次，所以他表示願意帶路。那天是休息日，他與那位董事約了見面地點。當董事乘公

司的車來到會合地點時，土光敏夫已經在那裏等候著，董事禮貌地說：「社長先生，抱歉讓您久等了。我看我們就搭您的車前往參觀吧！」他以為土光敏夫乘公司專車來的，但沒想到土光敏夫說：「我沒乘公司的轎車，我們去搭電車吧！」

聽了這話，董事當場愣住了，他羞愧得無地自容。

為了杜絕浪費，使公司資源得到合理化的使用，土光敏夫以身作則，搭乘電車，給那位渾渾噩噩的董事上了深刻的一課。這件事很快就傳遍了整個公司，全體員工立刻產生了警覺，大家不敢再隨意浪費公司的資源……

在遵守制度時，管理者以身作則，並且在小事上表現出應有的態度，這是企業領袖人物不可缺少的素養。一個嚴格要求自己的領袖，才能為員工起到表率作用。因為嚴格地要求自己，才能對員工起到表率作用。比如，公司規定不得在廠區內吸煙，管理者如果能抵抗煙癮，下屬往往也不會違反規定；否則，管理者做不到，又憑什麼要求下屬呢？即便下屬嘴上沒有怨言，心理也肯定不會服氣。

 心得欄 _

_ _

_ _

_ _

_ _

_ _

18 指定負責人，全權執行

任何一個有一定規模的企業，如果想把企業管理好，管理者都應該明白一個道理：一個企業，如果沒有制度，沒有通過制度來實施管理，那麼這個企業的老闆和高層管理人員一定會很累，而且管理效果還不會好。這是典型的吃力不討好。所以，當企業發展到一定階段之後，制度的建設與執行就會是一項關鍵的管理工作。

不少企業管理者發現這樣一個問題：制度制定出來之後，執行時出了問題，甚至制度制定了很多，但是執行效果並不好。

要想執行好制度，企業老闆應該做到信任員工、指定專人負責執行，讓其承擔相應的執行責任，行使相應的執行權力。這就叫指定負責人，授權給他全權執行。如果每家公司對員工都信任到這種程度，同時也清楚明白地講清權責事宜，相信大多數員工都會不辱使命，把制度落實到位。

據說有一家炸藥廠總是出問題，董事長感到很鬱悶，想了很多辦法解決，制度也制定了一堆，但這些制度貫徹得不怎麼好，安全問題仍然頻發。

最後，老闆想了個辦法，他把執行總經理叫到辦公室，對他說：「廠裏的安全問題頻繁，公司決定讓你全權負責抓安全問題。為了讓你全身心地把安全制度落實好，公司決定把你的家人全部接到公司住，你也免得每天上下班在路上奔波。」

說來也怪，自從執行總經理的家人搬到廠裏住之後，公司的安全事故漸漸沒有了。為什麼會出現這種情況呢？一個很重要的原因是，在這之前，儘管公司制定了制度，但是執行總經理沒有用心把制度貫徹下去。

事實上，制度的執行也是一個利益的問題。當老闆讓執行總經理全家人都來廠裏住時，實際上是把執行總經理一家人和公司的安全問題捆綁在一起了。如果執行總經理不把安全制度落實到位，一旦出了安全問題，他會賠上一家大小。所以，他才會下定決心把安全管理制度落實到位。

如果你是公司的管理者，如果你發現公司的制度、決策貫徹不好，那麼你不妨向向那個炸藥廠的老闆學習，指定負責人，授權給他們負責相關制度的執行，讓他們感受到信任、器重和激勵以及這背後的利益。

1.制度制定之後，明確由誰來負責落實

當公司制定某項制度之後，管理者應指定某個員工，授權給他，讓他負責監督這項制度的執行。只有明確了由誰負責某項制度的執行，制度的落實才有初步的保障。不少企業制定了制度、決策，但在實施的過程中，沒有指定專人負責，往往導致制度、決策的執行不了了之。

例如，有個企業丟掉了在美國市場上的霸主地位，就是因為公司作出了與美國本土的一家新公司進行合資經營的決策後，沒有明確誰來負責告訴合作夥伴使用的計量單位是公斤，而不是他們慣用的磅。就這樣一個失誤，導致美方的公司終止了與這家公司的合作。可見，無論是落實決策，還是執行制度，

都需要指定負責人。

2. 向制度的負責人和有關員工說明制度的內容

當管理者宣佈某項制度或決策之後，不能簡單地臆斷員工領會了決策和制度的內容，因而就不再向特定的負責人詳細說明。因為在很多情況下，如果管理者不花時間向特定的員工或負責人說明決策或制度為什麼要這樣制定，該怎麼樣落實到位，員工可能永遠無法明白其中的道理。只要有一個員工不理解，就可能導致整個制度執行得不協調，從而影響決策或制度的效果。

19 制度是基礎，執行才是關鍵

一個公司的興衰與制度有著密不可分的關係。實現有序管理不僅需要科學完善的制度，更離不開有效得力的執行。正所謂「制度是銀，落實是金」，制度有了，關鍵還要看執行。

1. 制度是公司成功的基石

俗話說，「沒有規矩不成方圓」。如果一個公司沒有制度，在某一段時間也許能混下去，甚至在某一階段、某一件事情上還會顯得很有效率，但是對公司的長遠發展會產生極大的危害。一個公司管得好，能長久發展下去，從根本上說有賴於嚴明的制度與紀律。

⑴公司應制定一個具體的、可操作性強的管理制度，保證員工在理解制度的基礎上懂得如何去遵守。

(2)制定嚴格的標準,並且要有相應的處置方式。嚴格是要激發員工的積極性,處置主要是保證制度能夠真正執行。

(3)制度制定以後需要不斷檢查,不斷監督。管理者要對制度進行定期考核,從而有助於公司長遠發展。

[贏在落實]任何人都有感情和弱點,公司靠人管理總會存在漏洞。所以,靠制度管理才能規避漏洞,實現永續經營。

2.人人都管事,事事有人管

工廠有一個五層樓的材料庫,它有許多塊玻璃。如果你走到跟前仔細看,一定會驚訝地發現每塊玻璃上都貼著一張小條!

原來每個小條上印著兩個編碼,第一個編碼代表負責擦這塊玻璃的責任人,第二個編碼代表是誰負責檢查這塊玻璃。在考核準則上規定:如果玻璃髒了,責任不是負責擦的人,而是負責檢查的人!也就是說,如果玻璃髒了,責任鎖定在檢查的人身上,而不會被推卸到擦玻璃的員工身上。如此形成環環相扣的責任鏈,做到了「獎有理、罰有據」。

這一制度管理的核心是,公司不再去想個人工作態度如何,而是把責任鎖定,即使是簡單的擦玻璃工作,也要明確指定兩個責任人,確保處處都有明確的責任。

「人人都管事,事事有人管」,老闆在管理中可以借鑒「責任到人」的制度管理法,從而提高員工的效率。

3.管理重在有法可依

管理中的「法」,就是公司在組織管理中所遵循的規矩、制度。對任何一個公司來說,只有規章制度完善,才能使人們有章可循,

有法可依；一旦觸犯了這些制度，則會遭到相應的制裁。

因此，規章制度制定得好，公司的管理工作就有法可依，便於管理的規範化。這對執行者來說無疑是一個福音，公司員工只要按部就班做好手頭工作就可以了。甚至可以說，制定一套好的規章制度，甚至要比添幾個主管還頂用得多。

事實上，制度也好，規矩也罷，它們存在的意義，不在於約束，而在於凝聚。將每個成員各自獨立的個人傾向規範引導，小流匯之成大川，從而獲得超強的戰鬥力。管人管事之前，先定下規矩，如此便可處亂而不驚，應變自如。

一套完善的規章制度，是一個老闆管理人才的法寶。有了規矩可以遵循，老闆才能真正做到獎賞有尺度，做事有分寸，最終實現高效管理。

4.讓制度去說話

在英國劍橋大學，有一位著名的校長治校有方，培養出了無數名滿天下的學生。有人問他：「為何能把學校經營得這樣好？」他回答說：「我一般都用一條鞭子來懲治那些不聽話不上進的學生，並且獎罰嚴明。」他還說，如果給他一把手槍，會把學校管理得更好，培養出更多的好學生。

故事深刻寓意是不言自明的，它提醒每一位管理者：只要有了科學的制度並嚴格執行，才能把公司治理好，增強工作效率。「一條鞭子」就是能夠嚴格執行合理制度的代名詞。對任何一個公司來說，都需要這樣「一條鞭子」來實現優化管理。

制度就是規矩，以制度作為規範員工行為的尺規，同時積極調動員工的執行力，就容易促進公司長遠發展。

5.規章制度：高效管理的法寶

把公司運作好，管理者需要建立一套完善的制度。制度設計合理、運作有效，公司內部高效運轉，員工士氣高昂，事業才能蒸蒸日上。

規章制度的制定，是為老闆提高管理效率來服務的。因此，千萬不能認為把規章制度制定好以後便萬事大吉，應注重制度的執行。

6.完善的制度成就偉大的公司

制度的作用是，規定公司正常運行基本的活動框架，調節內部集體協作。越來越多的管理者意識到，一個合理、完善、有效的制度，能夠讓公司走向一個發展的新高峰。

只有健全完善合理的制度，才能使公司實現規範有效的管理；只有不斷完善的制度，才能讓管理走向規範化，從而讓管理者從繁瑣的事務中解放出來，為主管和員工提供最大的創造空間。完善公司的管理制度，應該從以下幾方面著手：

⑴管理制度是公司運行的基礎。管理制度的意義在於，讓大家有章可循，讓員工知道哪些該做，哪些不該做。

⑵制度依據實際而定。制度化管理的基本要求是按制度辦事，堅持原則性。

⑶不斷修訂現存制度。不斷地修訂、補充、完善，通過制度不斷的建立和健全，公司才能持續適應變化了的客觀環境。

公司發展壯大，必須有賴於制度管理，進而保證執行到位。

7.制度管理讓執行更規範

許多公司之所以能成為行業內的佼佼者，與它們嚴格的制度管

理是分不開的。昔日的微軟、聯想、華為，也都是普通的小公司，而如今它們成為全球知名的跨國公司，靠的就是完備的制度化管理。

公司的發展水準越高，管理制度就要越符合國際慣例。各種各樣的職責規範、工作程式、行為準則幾乎觸及到了公司經營活動的所有層面和各個環節，讓公司有了規範化運作的基礎。

⑴在公司實施制度化管理過程中，要嚴格保證制度能夠公正、公平、公開地實施。如此一來，公司的執行力就會更規範，並產生高效率。

⑵通過各種制度來規範員工的行為，使公司在執行中逐步趨於規範化和標準化，逐步發展壯大。

制度化管理是公司的「低文本文化」向「高文本文化」過渡的具體表現。高效執行是公司發展的動力，而制度管理則讓執行更規範，這不僅給公司帶來了效率，還增加了效益。

8.規章制度的設計要點

科學、合理的規章制度，是一門科學。它不僅要符合公司運行規律、有利於提升組織效率，還要考慮外部市場環境的變化，並保持穩定性。

具體來說，在設計規章制度時，老闆要注意避免以下幾點。

(1)抵觸法規。

有的規章制度條文與現行政策、法令和政府的規定相抵觸，自行失敗。

(2)捨本逐末。

列舉大量無關緊要的條文，喧賓奪主，降低了重要條文的分

量，細枝末節的條文過多，不便記憶。

(3)違背常理。

過於苛嚴，大家難以做到，懲罰措施過火，員工動輒得咎，導致抗拒心理。

(4)形同虛設。

訂而不用，對違規者不按規定處理，姑息縱容，或在執行中因人而異，親疏有別，導致制度自行廢弛，成為一紙空文。

規則制訂的目的是對一些工作中不明的事項，定出一個明確的標準。通常，制度有一定的時效性，當時間、環境發生了變化，規則本身也必然發生變化。

20 制度面前，沒有特權

春秋時期，李離是晉國的獄官。有一次，他因誤聽下屬的片面之詞錯判了一個案件，致使一個人冤死。在真相大白之後，李離十分慚愧，當即表示要以死贖罪。晉文公勸他說：「官有貴賤，罰有輕重，再說了這件案子主要錯在下面的辦事人員，而不是你的罪過。」

李離說：「我平時沒有跟下屬說我們一起來當這個官，我拿了朝廷的俸祿沒和你們一起分享。現在犯了錯誤，我怎麼能把責任推到下屬身上呢？」

最後，李離伏劍而死。

李離的故事告訴我們，在制度面前，誰都沒有特權，如果管理者對自己網開一面，往往會製造不公平，這與平等的理念是相違背的。就像李離所言，自己當官拿的俸祿沒有和下屬一起分享，出了事故就不能把責任往下屬身上推。管理者敢於正視自己的錯誤行為，敢於接受制度的處罰，這表現出來的是敢做敢當的勇氣。

可能很多人看到的企業高階主管，往往和普通員工的待遇不同。公司的制度是為員工制定的，員工必須遵守，主管可以超脫于制度之外，可以「為所欲為」。這種特權思想的可怕之處在於，讓員工感受不到平等，感受不到企業的尊重，也感受不到制度的威嚴。員工遵守制度，那不過是「寄人籬下，不得不為」的無奈之舉。

要想改變這種狀態，管理者應做到這樣兩點：

有句話說：「善為人者能自為，善治人者能自治。」要想企業在激烈的市場競爭中獲得發展，管理者必須要嚴於律己，這是推進制度落實的關鍵。

IBM 創始人沃森認為，企業的最高管理者往往會犯一種嚴重的錯誤，那就是對自己和對員工採取不同的標準。當自己或其他管理人員違反了公司制度時，他們在處理的時候往往比較寬容，而對員工所犯的錯誤則嚴屬處理。

一天，沃森陪同客戶前去廠房參觀，走到廠門口時，被警衛攔住了。警衛對沃森說：「對不起先生，您不能進去，我們IBM 的廠區識別牌是淺藍色的，行政大樓工作人員的識別牌是粉紅色的，你們佩戴的識別牌是不能進入廠區的。」

沃森的助理彼特見狀，大聲對警衛說：「這是我們的大老

闆，陪重要的客人參觀。」

警衛可不認識老闆，他說：「這是公司的規定，必須按規定辦事！」

警衛的做法贏得了沃森的認可，他對彼特說：「他講得對，快把識別牌換一下。」

於是，所有的人更換了識別牌。

面對警衛的阻攔，沃森沒用特權壓人，而是自覺地遵守公司制度，這種視制度為最高綱領的做法，極好地樹立了制度的威信。管理者放下架子，以一顆平常心看待自己，才能從內心深處接受制度的約束。

21 盡可能地量化執行標準

知名的速食公司肯德基，自創建以來始終長盛不衰，其奧秘就在於擁有嚴格而有效的管理制度。通過制度管理約束每一個員工，建立起嚴格的執行標準，確保了公司在有序運營的墓礎上實現了商標準的產品定制和服務提升。

現實的殘酷競爭讓許多管理者意識到「標準」的重要性，並努力成為行業規則和標準的制定者。正所謂「三流公司賣產品，二流公司賣品牌，一流公司賣標準」，通過制度設計實現標準化運作，是許多公司主管制勝的法寶。

（1）公司在發展過程中，不但要遵循外在的標準，還要善於制定新的行業標準，提升自己的核心競爭力，創造更大的經濟效益。

（2）在管理層面，標準是提高公司自主創新能力、實現精准執行的重要保障。

管理者要重視「標準」，更要關注行業、國家標準乃至國際標準，在公司內實施標準化管理和生產，滿足消費者的市場需求。

除了規定各個環節應該怎樣做，還應該具體規定做到怎樣的程度，即量化執行的標準。

一家沙發生產廠家規定，每套沙發的邊角木料打 40 秒，每個沙發位貼皮 3 分鐘，安裝好一套沙發 20 分鐘，等等。這些標準就非常具體，是可以量化的指標。

再比如，加拿大安大略省規定，所有公務員的報銷標準是早餐 8.75 加元、午餐 11.25 加元、晚餐 20 加元。這個標準就非常具體，對於多出來的部分，本人自己掏腰包。這對我們很多企業實行可量化的報銷制度很有參考意義。

有些企業為員工出差費用高居不下而煩惱，其實解決這個問題很簡單，可以參考加拿大給公務員的三餐報銷標準來制定出差費用報銷制度。比如：交通費用不得高於多少，這個可以根據距離的遠近來定，也可以直接按照火車票或大巴車票來定；住宿費用不得高於每晚多少元；用餐費用不得高於每天多少元，等等。一旦制定了可量化的標準，並且制度化，堅決地按照這個標準去執行，問題就很好解決了。

各行各業都有自己的規矩。管理工作也一樣，一個公司要有自己的運行標準，才能高效運作、有序發展。讓每個員工的工作都符

合標準，應該注意以下幾點：

⑴老闆管理好部下，必須按照既有的規矩辦事，也就是說要用制度說話。一旦老闆破壞了規矩，不但其權威受損，也會喪失取捨的標準，在管人用人上亂了手腳。

⑵任何組織都要有標準和制度，並且所有人都必須嚴格遵守、執行。尤其是最高主管人，更要注意維護制度的權威。

⑶在任何社會條件下，標準和制度都應當具有穩定性。如果制度時常變更，大家就會無所適從，組織的穩定也就無從談起了。因此，管理的標準不可隨意更改。

建立標準是做好主管的關鍵，讓每個人都感覺到法制的氣氛，才能激發大家的積極性和主動性，為公司發展創造更高的效益。

世界上每天都有企業虧損、破產、倒閉，他們經營失敗的原因各種各樣，但往往少不了執行上的原因，也許因為 10%甚至 1%的執行不到位，最終導致 100%的失敗。正如一位管理專家所說：「從你手中溜走 1%的不合格，到了用戶手中就會變成 100%的不合格。而一旦用戶對你的產品失去了信心，結果就是你的產品賣不出去，企業運轉失靈，最後關門。」可見，保證執行到位，絕不打折扣，關係到企業的生死存亡。

日本企業向來以精益求精、注重細節的精神著稱於世，大到鋼鐵公司，小到日用品製造公司，他們都重視執行中的每個細小環節，絕不打折扣。他們深知執行的品質影響產品和服務的品質，繼而影響企業的聲譽，最終關乎企業的命運。

22 將執行到位變成一種習慣

　　要想把工作做到位，不僅需要一流的執行力，還需要強烈的責任心。身為管理者，應讓員工明白，把工作做到位不是為了應付一次兩次考核，而是為了完美地履行自己的工作職責。為此，應努力讓員工把執行到位變成一種工作習慣，在面對工作時自覺主動地執行，嚴格地要求自己，而不需要別人督促。這樣的員工才是最可靠的執行者。

　　任何時候都將工作做到位，這是對工作的真正負責，是管理者應該讓員工養成的工作習慣。當員工具備了這種工作習慣之後，企業團隊執行任務就沒有困難，就沒有工作不能盡善盡美地完成。一個公司如果形成了這種高度負責的執行文化，就沒有戰略執行不下去，就沒有實現不了的績效。

　　打造一流的團隊執行力，必須讓大家學會無條件服從命令，也就是沒有任何藉口。沒有任何藉口是巴頓將軍的執行準則；所向披靡的第 13 軍，因此才能組建一支強大的坦克部隊。

　　1916 年，巴頓隨潘興將軍遠征墨西哥。有一天，潘興將軍派他去給豪茲將軍送信。但他們所瞭解的關於豪茲將軍的情報只是說他已通過普羅維登西區牧場。天黑前巴頓趕到了牧場，碰到第 7 騎兵團的騾馬運輸隊。他要了兩名士兵和三匹馬，順著這個連隊的車轍前進。走了不多遠，又碰到了第 10 騎兵團的

一支偵察巡邏兵。他們告訴巴頓不要再往前走了，因為前面的樹林裏到處都是維利斯塔人。巴頓沒有聽，沿著峽谷繼續前進。途中遇到了費切特將軍（當時是少校）指揮的第 7 騎兵團和一支巡邏兵。他們勸巴頓不要往前走，因為峽谷裏到處都是維利斯塔人。他們也不知道豪茲將軍在哪里，但是巴頓繼續前進，最後終於找到豪茲將軍。

巴頓將軍之所以能順利完成送信任務，關鍵就在於他有執行到位的工作習慣，而且當執行遇到難題時，不找任何藉口。儘管前面的樹林到處都是維利斯塔人，儘管他不知道豪茲將軍在哪里，但他依然冒著危險堅決執行，最後圓滿完成了任務。

在日常工作中，管理者一定不希望下屬在接到命令時討價還價。比如，把一項緊急的工作交給下屬，讓他加一會兒班，把工作完成了再下班，下屬卻說：「我下班了，明天再做吧！」

對於這樣的員工，管理者一定不喜歡。大家喜歡的是那種沒有任何藉口的執行者，因此，管理者要在平時的工作中，有意識地培養下屬不找藉口的工作態度。為此，甚至可以制定相應的獎懲制度，獎勵員工不找藉口的工作態度，強化員工好的執行表現。

有位房地產商的經歷：「一個與我們合作的外資公司的工程師，為了拍攝一個合作專案的全景，他走了兩公里的山路，爬上一座山，把周圍的景觀完美地拍進來了，效果非常好。其實，他完全不用這麼辛苦，因為只要站在高樓上就可以拍到。所以，我問他為什麼要不辭辛苦地爬山去拍攝，他說回去董事會成員會向他提問，他得把整個專案的情況告訴他們才行，不然工作就沒做到位。」

很多時候，做一項工作時，我們注重的是結果，這沒有錯，但並不代表過程。事實上，有好的過程不一定有好的結果，但沒有好的執行過程，不可能有好的執行結果。因此，管理者應鼓勵員工兼顧過程與結果，這是把事情做到位的關鍵。

23 解決混亂，提高效率要靠制度

人都有私心。既然如此，決策者就不該去指責執行政策的人見利忘義，更不能要求人人都大公無私、高風亮節，而要從根源上去防範自私行為，用制度、法律來約束。

人性是有弱點的，人性是需要修正的，人是很難自己改變自己的，因此，絕大多數員工都得借助外力來修正他們人性的弱點。

三隻老鼠一同去偷油喝。它們找到了一個油瓶，並商量，一隻踩著另一隻的肩膀，輪流上去喝油。於是三隻老鼠開始疊羅漢，當最後一隻老鼠剛剛爬到另外兩隻的肩膀上時，不知什麼原因，油瓶倒了，最後驚動？人，三隻老鼠逃跑了。回到老鼠窩，大家開會討論為什麼會失敗。

最上面的老鼠說：「我沒有喝到油，而且推倒了油瓶，是因為下面的第二隻老鼠抖動了一下，所以我推倒了油瓶。」第二隻老鼠說：「我是抖了一下，但我感覺到第三隻老鼠也抽搐了一下，我才抖動了一下。」第三隻老鼠說：「對，對，我因為好像

聽見門外有貓的叫聲，所以抖了一下：」「哦，原來如此呀！」

企業裏的很多人也具有老鼠的心態。

請聽一次企業的季度會議情況。行銷部門的經理 A 說：「最近銷售做得不好，我們有一定責任，但是最主要的責任不在我們，競爭對手紛紛推出新產品，比我們的產品好，所以我們很不好做，研發部門要認真總結。」研發部門經理 B 說：「我們最近推出的新產品是少，但是我們也有困難呀，我們的預算很少，就是少得可憐的預算，也被財務削減了！」財務經理 C 說：「是，我是削減了你的預算，但是你要知道，公司的成本在上升，我們當然沒有多少錢了。」這時，採購經理 D 跳起來說：「我們的採購成本是上升了 10%，為什麼，你們知道嗎？俄羅斯的一個生產鉻的礦山爆炸了，導致不銹鋼價格上升。」A、B、C 說：「哦，原來如此呀，這樣說，我們大家都沒有多少責任了，哈哈哈哈！」人力資源經理 F 說：「這樣說來，我只好去考核俄羅斯的礦山了！」

出現上述企業管理問題，說明該企業在戰略管理上面存在嚴重的問題。「凡事預則立，不預則廢」，一方面，部門與部門間的責任相互推諉，企業「戰略實施」受阻，企業風險經營的理念欠佳，無一不說明該企業的戰略管理有待提高。另一方面，各部門主動性欠佳，這種被動性工作的現象要求該企業的「企業文化」有待提高，應將「企業文化」納入戰略管理的高度，並予以昇華。

24 營造出遵守制度的環境

但是，還是有很多企業管理者意識不到這一點，始終不能為員工營造出一種遵守制度的嚴肅環境，從而讓制度得不到執行，成為「紙老虎」，這是為什麼呢？

1. 沒有與員工融為一體，從而讓制度凸顯，員工難以執行

企業管理者通常在制定出制度之後，就放任不管。更為重要的是，管理者往往不與員工融為一體，讓制度十分凸顯。而此時的員工也看不到管理者對自己的重視，從而在內心就會產生一種「反抗」意識——制度也就執行不到位。

有這樣一家雜誌社，總編推行了一系列的規章制度，比如按時完成稿子的編輯拿怎樣的提成，沒有完成稿子的編輯該怎樣拿提成，以及辦公室的一些遲到早退如何處理等規章制度。然而，制度推出之後，身為辦公室的一員，總編卻總是不能很好地執行。編輯們看著總編自由來往，且工作隨意，但自己還要去執行制度，心中難免有些不平衡。最終，編輯們不但沒有嚴格地執行制度，而且工作的積極性也不如從前。

管理者要身體力行、以身作則，這樣才能讓員工從主觀上去遵守制度。

古語：「善為人者能自為，善治人者能自治。」企業管理者想

要在競爭激烈的商圈中得到一定的發展，首先要有自律的想法。這主要體現在管理者必須在制定了制度之後，身體力行、以身作則。讓員工從內心看到制度的嚴格程度，從而在員工內心形成一種嚴肅的執行壓迫感，因此自然就會形成一種遵守制度的嚴肅環境。而且這樣，還能充分調動企業工作人員的積極性。

2.企業制度過於寬鬆，制度成為名副其實的「紙老虎」

有些管理者充分考慮到員工的個人工作狀況，因此制定了一系列過於人性化的制度。然而我們常說「物極必反」，任何事情過了頭，都不是一件好事。如果企業管理者將制度過分人性化，那麼勢必會造成制度過於寬鬆，員工也就不能很好地執行制度，效率也會大大下降。而此時，管理者的制度也就成為名副其實的「紙老虎」。

日本著名的鈴木汽車製造商在 2012 年出現了嚴重危機，甚至在美國的銷售面臨著破產的危險。而導致這一情況的原因就是鈴木工作人員沒有將鈴木的制度好好執行。鈴木的老總之前將鈴木原先的嚴格制度作了一系列的調整，而這個調整則直接導致了員工們過度懈怠和懶散。從而很多名義上的制度沒有被執行，鈴木制度徹底成為空殼子、「紙老虎」，最終導致鈴木銷售業績急劇下滑。

利用有效形式，對員工進行正反面教育，讓員工形成積極遵守制度的意識。當出現像鈴木員工這樣的懶散工作狀態時，管理者就有必要去思考一下該如何讓員工來遵守制度，讓員工自覺遵守制度。其方法是，管理者可以利用一些報告或者開會的形式，來對員工進行一些正反面的教育，用優秀人才的事例和一些被開除的人的

事例來讓員工真正形成內心對制度的重視性。讓他們能夠從心理上形成積極遵守制度的意識，也有利於培養他們遵守制度的自覺性。讓企業形成一個團結一致的整體，這樣企業才能有凝聚力，能夠在競爭中立於不敗之地。

3.管理者只抓制度，卻忽略了抓執行力度

之所以有那麼多企業紛紛破產或者倒閉，其重要原因在於很多管理者往往喜歡將原因歸咎於制度的設立失誤。但殊不知，這些失敗往往是出現在制度的執行上。

一家雜誌社因為很多問題而被另一家畫報社收購了，該雜誌社的主管滿以為新畫報總編能夠用一些更為先進的管理經驗和制度來指導他們。然而，新畫報的主編在觀察了一段時間之後，認為該雜誌社的制度並沒有問題。新主編認為，問題在於制度沒有被執行下去，力度不夠。原因出自雜誌社的主管只是一味地修改、更新制度，而沒有注重員工在執行過程中遇到的問題。後來，在新主編的主管下，加大了員工對制度執行力度的審查，並且建立了一系列的考核方案，針對各個部門員工的執行問題進行了情理結合的綜合考評。不到一年，該雜誌社制度的執行力就迅速得到提升，而且雜誌社也慢慢地恢復了良好運營的狀態。

企業管理者要在設立制度的時候，注重其中的情理結合，只有這樣，才能真正讓員工自覺遵守制度。而情理的結合，也有利於一種執行制度嚴肅環境的形成。因此，企業管理者不能在面臨危機的時候，才想起這一點。

第 六 章

企業如何修正制度化

1 優秀的制度是與時俱進、不斷完善的

優秀的制度從來都不是一成不變的，而是隨著企業發展和外界競爭狀態的變化，保持與時俱進、不斷完善的。

一家公司有這樣一條制度：一個員工是否受到表彰、受到多大的表彰，要看他工作中發生的意外事故的多少。可笑的是，這項制度針對的卻是一群從事現代化生產機器的員工，他們一年到頭也沒什麼事故發生。因此，生產部主管和員工年年受表彰。

其實，當初這項制度是結合現實情況推出的，因為當年生產工廠設備落後，經常發生事故，產品合格率得不到保障。後來，隨著企業的生產設備的更新換代，生產事故不斷降低，但是這項制度卻沒有廢除，所以，才有了如此可笑的情況。這就是制度沒有與時俱

進的表現。

1. 優秀的制度不是完美的，而是合理的

很多管理者認為，優秀的制度是完美無缺的，其實這是一種誤解。就像人一樣，世界上沒有完美的人，也沒有完美的企業，同樣沒有完美的制度。所謂優秀的制度，確切地說，它是適合本企業的制度，是合理的、趨於完善的。也就是說，把蘋果公司的制度照搬到你的企業，不一定就能發揮出應有的作用，原因是它可能與企業實際情況不符。

2. 制度不完善，麻煩將不斷

企業制度是一個企業制定的，並要求全體成員遵守的辦事規程和行為準則。合理的企業制度對企業發展起著巨大的規範和推動作用，而不合理的制度則會造成管理混亂，並直接影響企業的可持續發展。

經常聽到管理者抱怨員工：「上有政策，下有對策。」可有時候，你還真別怪員工有對策，因為問題出在公司，是公司的制度不合理、有漏洞，才給了員工「鑽空子」、想對策的機會。人性都是趨利避害的，企業不能出臺了一些沒有人情味、不合情不合理的制度，卻奢望員工一個個品德高尚、毫無怨言地遵守制度。

制度存在的目的是更好地規範大家的行為，建立健康有序的管理機制。一旦成了不合理的約束，就會激起員工的逆反情緒，員工就容易敷衍了事，甚至想辦法逃避制度的約束。這會嚴重打擊員工的積極性，影響日常工作的效率。

有一家企業規定：專案經理承包的專案，無論最後成本控制得好不好，有沒有給公司節省成本，最後的贏利都要統統上

繳。如果專案經理為公司節省了成本，會得到名譽上的獎勵。如果工程虧損，也沒有任何懲罰措施。結果，公司的專案經理對所負責的專案提不起精神，反正幹得好不好沒區別。這直接導致很多工程成本過高，最後甚至處於虧損狀態。嚴重損害了公司的利益。

當企業制度流於形式，沒有任何實際意義時，好員工也會不知不覺變壞。這就像有人說的那樣：「壞制度會使好人變壞，好制度會使壞人變好。」因為人需要約束力，沒有約束人就會放任起來，一旦放任就會自流，最後導致公司無法控制和管理。

每個員工都希望自己的業績越來越好，獲得的薪水越來越多，在企業裏越來越有向上攀的希望。如果企業用不合理的制度打擊員工，讓員工看到的是「無望」「絕望」，那麼企業就會逼走優秀的員工，願意留下來的，往往也是一些不思進取、混混度日的平庸之輩。試問，這樣的企業還有什麼發展希望呢？

完善、合理的制度猶如軍隊裏嚴明的軍紀，而流於形式、沒有實際意義的不合理的制度，就像安裝於公司內部的炸彈，說不定哪天就會爆炸，到那時公司的災難就來了。所以，不管你的公司是幾個人的小公司，還是幾百上千人的大公司，都應該有一套合理、完善的制度，這樣才能更好地規範大家幹「好事」，促使企業穩健地發展。

身為企業管理者，一定要清醒地認識到制度不完善，給企業發展帶來的麻煩。這些危害是相互影響、相互惡性循環的。

2 修訂公司管理制度的原因

　　公司管理制度要不斷適應公司經營的內外部環境及有關因素的變化並適時作出調整。

　　公司管理制度修訂的程式與其制訂相同，應該遵循調查、分析、起草、討論、反復修改、會簽、審定、試行、修訂、正式執行這樣一個程式。在起草修訂稿時要特別慎重，必須考慮到，修改的這一部分內容，怎樣才能與公司各方面的制度保持協調，避免出現顧此失彼的情況。如果一種管理制度的修訂，造成了某種管理制度同其他管理制度的矛盾，那麼勢必帶來公司管理混亂，因此在修訂制度時必須注意到這一點。

　　在特殊情況下，公司可隨時決定對管理制度進行修訂。但在一般情況下，公司管理制度可以在每年年末修訂一次。公司在年終總結各方面工作時，同時也可對公司管理制度進行檢查、總結和修訂。每隔三年公司需要對管理制度進行一次比較全面的修訂，時間一般安排在年終結合該年度公司的總結工作進行。

　　影響公司管理制度變化的主要原因有以下幾點：

1. 公司經營管理的知識與觀念的更新

　　新觀念的確立會廣泛影響到具體管理制度規範。如：以人力資源開發的觀念代替傳統的人事管理觀念，人事管理職能的範圍、內容、側重點等都會發生變化。原有的制度，如人事考核與評價、工

資獎酬、培訓制度等都要調整，還要補充一些新制度，如工作輪換、職業生涯開發與管理等。總之，經營管理的新知識、新概念的提出，會給修改、完善現有管理制度，形成新的更有效的管理制度提供有益的思路和框架。

2.公司目標與戰略的調整

當公司目標、戰略調整、改變之後，原有的行為規範可能有些會不適合甚至妨礙目標的達成和戰略的實施。對於這部分制度要修改更新。戰略變化引起的管理制度的變化主要有以下幾個方面：

⑴產品或服務的經營領域以及市場範圍發生變化時，相應的管理制度也要進行修改。不同的產品或服務的經營業務在生產方式、規模、工程技術等方面具有不同的經濟技術特點，不同的市場要求採取不同的市場行銷組合，因而所採用的計畫、組織、指揮、控制的管理方法也應不同。

⑵實現戰略目標所採用的戰略行動的變化同樣會引起一系列的管理變化。如果一個公司的經營目標更改為通過提供優質服務來獲得差別優勢，擴大銷售，那麼所使用的具體方法有：雇用更多的推銷員，並為推銷員提供更詳細的市場訊息；同時要求他們注意搜集資訊，為生產提供依據；生產部門則按消費者需求組織生產；資訊管理系統也要調整；生產計畫，運輸、供貨方式，人員的評價，激勵與培訓制度等也要進行調整。

⑶公司內外的技術創新及社會的進步也肯定會引起管理上的某些變化。社會、經濟方面的進步如分期付款等也會使得行銷、財務等管理制度發生變化。新技術有的為公司發展新產品、新服務提供手段，有的如大量流水生產方式、混合流水生產技術等則形成新

的資源轉換方式。

⑷某方面的制度變化可能會帶來整個管理制度體系的調整。因為公司管理制度作為一個有機聯繫的體系，相互影響與制約，彼此依存。

⑸影響公司經營觀念和戰略的其他因素也會通過觀念、戰略的調整而直接或間接地影響公司的管理制度。

總之，公司管理制度要適應外部環境和內部條件的變化，不斷進行修訂、補充和創新。

3 修訂公司管理制度的原則

修訂公司管理制度應遵循以下幾個原則：

⑴對公司管理制度的修改、廢除要採取先「立」後「破」的原則。在條件尚不成熟，新的制度尚未出臺以前，應繼續按原有制度的規定辦事，待新制度正式建立以後再廢除舊制度，以保持公司管理制度的相對穩定性，保證公司生產經營活動的正常運行。

⑵對公司生產經營中出現的例外事件或偶然事件，要及時處理。現代公司的生產經營活動以及外部環境在不斷變化，公司的管理制度同樣也要進行相應的修訂。

因此，在出現「例外」和「偶然」的情況下，管理者要善於運用標準化原理，用管理制度來指導對「例外」與「偶然」事件的處

理，並且適時將例外事件納入管理制度，使它成為管理規範的一部分。

1997 年 9 月 18 日，日本零售業的巨頭八佰伴公司，向公司所在地的日本靜岡縣地方法院提出破產重組的申請。這一行動，標誌著日本八佰伴公司的破產。日本八佰伴公司 1930 年創業於日本靜岡縣熱海市，經過六十多年的苦心經營，從一個家庭經營的賣水果蔬菜的小店，發展成為大型超級市場連鎖企業，擁有 236.6 億日元資本。在破產前夕，日本八佰伴公司負債總額為 1613 億日元（折合約 13 億多美元），公司資不抵債，只好選擇破產。

日本八佰伴公司是一家家族企業，在宣佈破產前，已是在東京證券交易所第一市場上市的巨型超級市場，它的破產，也是日本百貨業界最大的一次破產事件，因而震撼了日本和亞洲。

那麼，是什麼原因讓一家擁有 60 多年歷史的老牌企業走向破產了呢？正如八佰伴的一些元老，以及學者所評論的，由於日本八佰伴公司經營戰略不明確，公司制度在運行時缺乏目標感，而制度需要目標來照亮，執行制度時缺乏目標，就好比讓制度摸黑走路，增加了執行的盲目性，同時，又加上一些財務方面的原因，日本八佰伴公司在破產前，負債已達 1600 多億日元，遠遠超過其固有資本，除了破產，已無他途。

八佰伴曾是世界著名的超級市場連鎖集團，它的破產，曾讓很多人震驚。

然而，企業經營是現實的，如果違背了客觀規律，致使企業運營陷入困境，那麼，任何企業都難逃受挫的命運。我們在

總結八佰伴破產的一系列原因後，發現造成八佰伴失敗的一個重要原因就是戰略目標不明確，在此基礎上形成的制度執行有很大的盲目性，從而造成一連串決策與運營失誤。

正如一些人評價的那樣，八佰伴「沒有一個把什麼貨賣給什麼人的明確的經營戰略」。八佰伴原本是日本的一個地方超市集團，但在向海外進軍的過程中，一會兒以日僑為物件，一會兒又轉向當地人。八佰伴不僅不斷改變銷售物件，而且還不斷改變經營手法。雖然在海外經營的初期得到了僑居海外的日本人的大力支持，有了一個好的開端，但由於在日本國內的積蓄不足，經營能力有限，因而被此後發展起來的其他超市和百貨商店搶走了客源。20 世紀 80 年代以後，八佰伴在海外開設了40 多家超市，但破產時只剩下 27 家。

在實際運營中，八佰伴盲目擴張，沒有認真研究實際狀況，鋪的攤子過大。八佰伴日本公司總經理和田光正在接受記者採訪時表示「公司破產的原因是先行投資過多」。和田光正說：「當時我認為投資計畫是絕對沒有錯誤的。從結果來看，我想是因為公司對日本和海外的經濟形勢以及對自己企業的能力過於樂觀了。」事實上，八佰伴在海外並沒有詳細周密的投資計畫。

20 世紀 80 年代後期和 90 年代初，「八佰伴日本」為了快速擴展國際事業，趁著日本泡沫經濟的時機，在債券市場上大量發行可轉換的公司債券。這種籌資方法，雖然擺脫了從銀行取得資金的限制，卻也失去了有效的財務監督，極易陷入債務膨脹的危機。與此同時，八佰伴日本公司把公司的利潤以及通過發行公司債券這種「煉金術」聚集的大量資金投到了海外市

場。

　　然而，這些資金的回收情況卻不盡如人意。加上在此期間
又出現了泡沫經濟，八佰伴業績欠佳，導致股價下跌，公司面
臨資金供應危機。

　　還有一點，就是八佰伴沒有良好的管理人才培養機制，使
得人才供應跟不上公司發展的需要。在國際化和多元化過程
中，八佰伴仍然維持著家族企業的經營形態，高度依賴個人決
策的精准性和理智性。然而，在競爭激烈的市場潮流中，個人
力量畢竟是有限的。從根本上來說，這與八佰伴戰略目標不明
確是分不開的。

　　企業為什麼要制定規章制度？這是我們在制定制度時首先需
要弄清楚的問題。從根本上來說，制度是為了更好地實現企業目
標。制度的一大功用，便是盡可能將全體員工的思想與言行，聚攏
到有利於實現企業目標的共同方向來。所以，制度必須有明確的導
向性，藉此增強企業的抗風險能力。

　　相對而言，企業在制定戰略規劃以及規章制度時，目標導向不
明確，就難以有效整合企業資源，甚至會浪費掉企業有限的資源。
這樣的情況，通常表現為企業的盲目決策，以及執行中對目標頻繁
更換，從而降低了企業的競爭力。為了更好地規避這種現象，我們
可以採取以下措施：

1. 制度要以目標為導向

　　我們一定要讓制度有清晰的目標意識。為此，我們一定要認真
規劃企業的長期、中期、近期等目標體系，在不同的階段，使得制
度僅僅圍繞目標展開，為實現目標服務，從而盡可能避免盲目性。

2. 在企業內部貫徹使命感

制度很多時候是一種「硬」性的因素，通過某種外在強化力量保障企業戰略目標的實現。除此以外，我們還可以在企業內部宣導一種自動自發、主動擔當的使命感。

4 改革不合理的管理制度

企業制度是指一個企業制定的要求、企業全體成員共同遵守的辦事規程或行動準則。良好的企業制度對企業發展起著巨大的作用，而不合理的企業制度不但在企業裏造成管理混亂的現象，而且直接影響到企業的可持續發展。

制度本身不合理，缺少針對性和可行性，在執行起來就會遇到諸多困難。許多企業往往用一些條文來約束員工的行為，通過各種考核制度來達到使企業管理完善的目的，但是制度不合理本身卻限制了企業的發展。李正方在一家民營企業工作，這個企業的管理制度可謂十分嚴格。

單位規定早上 8 點上班，遲到 15 分鐘以內，扣全天工資，遲到 15 分鐘以後，一個月獎金全部扣發。雖然單位出現遲到的現象也很少，但是員工從內心裏卻很反感這種制度，容易產生逆反心理，責怪企業太沒人性。有一次下著大雨，公車一路堵車，最後他在 8 點 07 分才趕到單位，值班保安立刻叫住他登記

科室姓名，一天辛辛苦苦就這樣白乾了。後來有人告訴他，遲到 15 分鐘後，乾脆就不要來了，趕快打個電話，撒個謊，說有急事請假，這樣一天的工資是沒了，但是全月獎金卻保住了。

這樣的管理制度，看似十分嚴格，實際上有很大的漏洞，導致員工想出許多辦法來對付。長此以往，會有越來越多的人產生規避心理，實在不行就抬腿走人，那麼企業制度就成了人才流失的一個重要原因。

而有一些企業規定，如果 8 點上班，8 點 15 分以前到單位，一個月在規定的次數以內不算遲到，超出規定次數，才開始懲罰，得到了員工的認同，而且執行起來也十分有力。

制度本身的目的是為了更好地規範管理，建立健康有效的管理機制，一旦成了不合理的束縛，就會導致員工敷衍了事。

有一家企業，單位制度制定得非常不合理。例如，當承包一項工程項目時，專案經理最後無論是成本控制得好還是壞都無所謂，贏利了上繳，對專案經理除了名譽上的獎勵以外，物質上沒有任何獎勵，一旦工程虧損，也沒有任何懲罰措施，結果很明顯，大部分工程處於絕對虧損狀態，只有少數工程剛剛持平。當企業的規定流於形式時，好的合理的制度也在執行時受到牽連，單位上許多良好的制度最終都沒有執行，結果人人都在混事，有本事的人都離開企業另謀發展，企業的經營狀況一天不如一天。如果主管還看不到問題的嚴重性，並採取相應的措施，那麼，這家企業破產是遲早的事情。

制度不合理對一個企業的影響是重大的，導致執行力不夠，直接關係到企業的成功與發展。因此，企業首先改革的應當是不合理

的制度。

　　制度本身不合理，缺少針對性和可行性，或者過於繁瑣不利於執行。經常遇到一些企業企圖通過各種報表的填寫來約束員工的行為，或通過各種考核制度企圖達到改善企業執行力的目的，但往往事與願違。

　　企業每制定一個制度就是給執行者頭上戴了一個緊箍，也進一步增加了執行者內心的逆反心理。最後導致員工敷衍了事，使企業的規定流於形式，說不定連有些本來很好的規定也受到了牽連。所以企業在設計相關的制度和規定時一定要本著這樣一個原則，就是所有的制度和規定都是為了幫助員工更好地工作，是提供方便而不是為了約束，是為了規範其行為而不是一種負擔。制定制度時一定要實用，有針對性。比如企業要建立正規的諮詢業務的工作流程，我們在家裏能想出一套方案來，如果通過請教其他正規的諮詢企業的人員，可能會作出比我們自己設想的更合理的工作流程。再通俗一點，要想練好健美，必須請教專業的健美教練才行。

　　經常看到有些企業把西方的所謂先進的管理制度全盤照搬，生搬硬套，結果導致了水土不服。什麼是最好的？適合自己的才是最好的。針對性和可行性是制定制度時必須要考慮的兩個原則。

　　在企業中，許多制度之所以得不到執行，是因為制度本身缺乏人情味或不夠合理，導致無法執行。比如，國內企業規定 8 點上班，管理嚴格的企業規定，遲到一次就重罰或者遲到三次就開除，看似管理嚴格，但不適應國情。

　　一方面，職員職業心態還不到位，別的企業管理得不那麼嚴，自己的企業管理得太嚴，對員工來說這本身就是一種付出，需要相

應的成本回報；另一方面，中國交通的不確定因素太多，誰知道今天會不會交通堵塞，不可能每天都提前一個小時動身去企業。最後變成制度剛開始嚴格執行幾天，以後就是總經理想起來抓一下，想不起來就放任自流了，久而久之，企業的制度都變成了紙上談兵。

　　而真正管理得好的企業，管理制度就人性化一些，但執行相當嚴格。以作息管理為例，有的企業就規定，如果 9 點上班，9 點 15 分以前到企業的，一個月三次以內不算遲到，第四次就重罰，員工也很擁護，執行得也很好。

　　因此，制度的執行不是關鍵，關鍵是制度的制定要考慮周全。

5 要讓規章制度與時俱進

　　想要讓一個企業成為時代發展中的強者，首先就應當讓企業制度做到與時俱進，只有這樣，才能讓制度更加完善。

　　德國著名運動品牌彪馬，是現如今世界最大的運動品牌之一。它曾多次贊助著名足球俱樂部，並且成為世界範圍內第一線具有號召力的運動品牌。然而這個走過了 60 多年的大品牌從最初的那個只生產運動鞋的德國小鞋廠，發展到了如今的世界知名企業，它的背後一定有一條不為人知的艱辛道路。其實說到艱辛，就要數彪馬的管理制度了。如今這個世界大品牌的發展，最離不開的就是與時俱進的管理制度。

其實彪馬的管理制度也經歷了很多艱辛的改變。例如，在一開始，彪馬的制鞋廠曾經有這樣一條規定：工廠員工如果遲遲不能交貨，那麼公司就會按照統一方式來徵收違約金。但是廠長也發現員工遲遲不能交貨並不是故意的，一定事出有因。例如，製造過程中遇到了一些事故、處理時間的延長等。而遇到這些情況的時候，工人當然就不能按時交貨。如果還要堅持這樣的制度，那麼無疑是自毀前程。因此，這項制度已經不符合工廠的發展，必須要改。

彪馬工廠負責人經過一番思考之後，決定要將制度與時俱進。於是，他從鞋子製造出來到交貨日期出發，經過了一系列周密的思考。包括：各生產部門工作的及時性、會遇到的一些問題、外部環境影響、主管者的工程管理措施等，在勘測完這些流程之後，他制定出了一項與時俱進且合乎情理的制度。

新制度為：工廠員工在一個月內不能交貨的人，可以在接下來的兩個月之內補上任務量，如果在兩個月依然沒有按時交貨，那麼將扣除相關違約金；因自然現象、火災等造成的不能交貨事件，則不予扣除相關薪水；因管理者不當或者失誤，而造成工作錯誤，那麼將懲罰相關管理人員，普通員工不予追究。

最終，新制度的修改，不但沒有讓員工覺得負責人朝令夕改，反而更加尊重工廠負責人，員工的工作積極性也大大提高了。

從彪馬冰山一角的管理中，我們足以看出彪馬能夠在世界上揚名的原因。這主要就源於他們能夠在制定規章制度的時候做到與時俱進。

　　管理企業更是如此，尤其是在制度的制定上。不同時期的人，其心態和想法自然不會一樣。再加上社會外部環境的客觀變化，那麼企業管理必然會處於一種變化之中，這就要求我們一定要根據不同的形勢變化與時俱進地做出制度上的調整。

　　每個企業制定管理制度的目的都是讓員工遵守。但若是基於一種形式而不去改變，那麼企業也將不會得到發展和進步。因此對企業內部的一些管理欠缺之處，一定要進行改善。管理者要向彪馬等這樣的大公司學習，做到與時俱進，從根本上來改變制度。

　　但是也有很多企業意識不到這一點，仍然處於過去的管理制度中，而這也是導致這些企業不能快速發展的原因。那麼為什麼這些管理者不能與時俱進地改變制度呢？其中一定有潛在的內因。

原因一：企業制度沒有與時代發展結合在一起

　　很多管理者在制定制度的時候，以為只要能夠約束員工即可。所以，規章制度本身存在很多時間觀念上的問題。管理者只考慮怎樣去約束員工，卻忽視時間的變化會讓某些制度變得毫無意義。

　　電話銷售和網路銷售是隨著資訊時代發展而來的一種新型銷售模式，但是很多銷售公司卻不能及時做到銷售制度的與時俱進。劉正是銷售部門的經理，依靠著一些關係在這個經理的位子上待了很長時間。現在這個銷售部門的一些制度還是5年前劉正上任時制定的。比如電話銷售和網路銷售的提成問題。以往電話銷售比較吃香，所以，在電話銷售制度方面，劉正給出了很多提成。但是如今，5年過去了。網路銷售要比電話銷售更加熱門，因此員工們在網路上銷售的業績要比之前的電話銷售業績更為突出，但是劉正卻絲毫沒有意識到這一點，仍然將大部分的提成安排在電話銷售上。

制度要與時代發展緊緊相連。在制度制定的流程中,管理者一定要注意,規章制度的目的就是使一些不太明確的事情經過清晰的判斷來定出一個共同適合員工發展的標準。因此,建立制度的時候要具有一定的時間觀念。同時,還必須要符合時代的發展和環境的改變。而那些千古不變的制度是不可能適應企業發展的。因此讓企業制度符合時代潮流發展,切合實際需求是管理者應該重視的一項重要工作。

原因二:企業管理者的個人思想不能與時俱進

大多數管理者在設定管理制度的時候,往往十分局限,不能用長遠眼光看待公司發展。例如,管理者往往以自我為中心,不去考察其他公司的管理,也不深入瞭解員工的工作情況。而且更為重要的是,不關注國家對企業管理推出的一些新政策,更不關注時代發展對企業造成的影響,因此造就了落後的制度。

洛奇婚慶公司在同行中已經處於風雨飄搖的狀態了,其原因就是洛奇婚慶公司管理者的個人思想太過守舊。如今的一些大型的婚慶公司都推出了 3D 攝影技術,將三維立體的模式運用於婚紗攝影中,因此讓人們耳目一新。但是洛奇婚慶公司卻絲毫看不到這一點,管理者根本沒有在思想上進步,而他設定的管理制度也十分落後。洛奇婚慶公司的管理者要求攝影部的人在給客人推薦錄製模式的時候,要優先使用本公司前幾年的經典模式。這就直接阻礙了新技術的推廣和實行。最終,這家公司的效益越來越差。

企業管理者首先要自己走出去,讓思想與時俱進。在管理制度的制定流程中,管理者必須要解放個人思想。有時候,管理者嘴上

說要改革制度，推進管理，往往卻只是表面功夫，實際管理者的思想還是一成不變。因此，身為管理者必須要先解放自己的思想，達到與時俱進。這需要管理者多觀察和留意同行的發展變化，多讀一些財經報導，來瞭解最新的經濟發展和大環境的改變。只有這樣，管理者的思想才能與時俱進。

原因三：管理者在推行新制度之後，對此置之不理

管理者往往在推行一套新的制度之後，就對此置之不理，沒有後續跟進，他們以為新制度能夠一成不變地使用下去。管理者內心都有一種「制度既然制定了，就要實施」的心態，所以，往往不能主動調查制度實施的具體情況，也不能很好地做好「後續」工作，及時針對問題完善制度。

有這樣一家公司的總經理，他十分勤奮，而且為了公司能夠更好地發展，每5年都會制定一項新的相關管理制度。儘管從這些方面來說，這位經理做得很完美。但是，這位經理卻不知道，一項制度在5年之內實施也是非常漫長的。一些整體的大制度可能不需要時常改動，但是一些跟隨時代潮流的小細節方面卻需要時刻做出細微的調整。而且這位經理每制定出新的制度之後，總是置之不理，直到幾年之後才去改變。結果這家公司一直處在落後的邊緣。

制度不能朝令夕改，但是卻需要隨著時間和時代的發展，靈活調整。企業管理者在制定制度的時候，一定要充分靈活應對，切不可將制度推行之後便置之不理。應當時刻做好「後續」準備。尤其是要時刻關注大局勢的發展對企業發展造成的影響，針對這些環境和時間的變化，讓制度靈活地成為與時俱進的規範方式。

6 制度朝令夕改，員工不知所云

在企業管理中，有一種管理者經常令員工們苦不堪言。他們出臺規定，朝令夕改，今天這樣規定，明天那樣調整，整來整去，整得員工不知所云。結果，員工怎麼做也不符合他們的要求，員工感到非常受打擊。有個年輕人在一家公司擔任經理助理一職，但是他工作得很不開心。

理由是，他很怕見到老闆，不知道怎麼工作是對的。他說，老闆經常不停地改變想法出臺規章制度，讓他無所適從。老闆經常說的話是「你這樣做不行」「你把那個通知追回來」「準備修改一下原來的方案」等等。

有一家規模不小的公司，在管理上也出現了朝令夕改的問題。公司一切都看老闆娘的心情，老闆娘今天開心，出臺一項福利制度；可是明天卻予以否認，或說忘記了，或說昨天出臺的制度沒有細想，還要具體思考一下。然而，當你沒有按照制度執行時，她卻突然間想起某項制度，大聲質問你的不對。

曾經有一次，公司要出臺員工績效考核制度，但是這項制度前前後後改了五六次，到最後還是沒有確定。或許是因為這些原因，公司的員工頻繁流動，今天可以招來 30 名員工，一個星期後，可以炒掉 29 名員工。

管理者在出臺制度、下達命令時朝令夕改，會讓員工摸不著頭

腦,無去應對工作,整天忙著收拾殘局。在這樣的企業員工不可能快樂,因為他們工作起來沒有積極性,沒有成就感。這樣的企業也是沒有希望的,因為它缺乏向心力和凝聚力,管理者徹底失去了員工的信任。所以,企業管理者要認識到朝令夕改的危害性,改變這種不良的管理習慣。企業制度朝令夕改,會產生以下幾種危害:

1. 直接動搖制度的穩定性

一項制度發揮作用,是建立在穩定的基礎上的。也就是說,要想看到一項制度是否起作用,要給它一段時間去實行,考察在實行制度的這段時間,公司的問題有沒有解決。如果管理者沒有耐心,制度出臺三天,見效果不明顯,就立馬換掉,再出臺一項制度,這樣再好的制度都發揮不出作用和價值。

2. 降低制度的威信和影響力

管理在出臺制度時朝令夕改,會使員工對制度產生困惑,難以理解和把握制度的要點,從而對制度產生諸多質疑:這項制度能推行多久?它會不會被取代?它是最佳的制度嗎?這樣就會影響制度的威懾力和影響力。

3. 浪費管理者的時間和精力

管理者不厭其煩地更換制度,極大地浪費時間和精力,不僅增加管理成本,還無法提升管理績效,這是雙重的浪費。

7 持續完善公司制度

　　一隻木桶盛能多少水，並不取決於桶壁最高的那塊木板，而取決於桶壁上最短的那塊。這就是著名的木桶原理，又叫短板理論。它告誡企業管理者：一個企業要想發展壯大，就不能忽視短板。必須不斷完善自身的制度，將公司的管理推上正規軌道。完善的制度是企業賴以生存的基礎，是企業在市場競爭中獲勝的保證，為企業的發展壯大提供源源不斷的動力。

　　摩根士丹利董事長兼 CEO 普賽爾說：「所謂的企業管理，就是解決一連串關係密切的問題，必須樹立健全的規章制度，否則必將造成損失。」企業未來的發展狀態，很大程度上取決於完善的制度。制度完善的企業，各項事務才能夠井井有條地進行，決策才能夠更加準確明智，對市場的適應能力才能更強。反之，不完善的制度對於企業來說就等於無制度。而沒有制度的企業就如同一盤散沙，風一吹便四散天涯，發展壯大更是無從談起。

　　作為企業管理者，要想企業發展壯大，必須要懂得及時完善企業制度，不要留任何空子。通常情況下，要完善企業制度，管理者需要做到以下幾點。

1. 根據實際需要，持續完善制度
　　制度並非是一成不變的，企業的發展階段不同，外部的市場競

爭環境不同,管理制度也要隨之調整完善。俗話說:「制度不完善,麻煩就不斷。」這種說法並非危言聳聽,如果管理者總是滿足於已有的制度,而不懂得根據時代變化去完善它,那麼,必然會在不知不覺中落後於競爭對手。

某洗衣機公司在五一期間舉行大型促銷活動,促銷方案為:消費者買洗衣機,便可以獲贈一個電飯煲。

促銷期間,作為業務經理的老丁,接到不少消費者的投訴,不少客戶都對不給包裝袋的行為表示抱怨,為了一個免費的贈品,還要自己掏腰包買包裝袋,心裏很憋氣。公司並沒有關於贈品的專門管理規定,對於贈品的包裝問題,員工常常是按照個人意願來解決,所以免不了與客戶發生爭執。

為了減少消費者的投訴,老丁將這件事回饋給了分公司總經理。公司的高層管理人員一碰頭,立馬傳達指令:所有贈品均提供包裝,銷售員不得因此而與客戶發生爭執,違反規定者,將給予嚴重警告。

這一指令一經公佈,再也沒有消費者關於贈品的投訴了。促銷活動結束後,公司經理將這條指令寫進了公司的規章制度。此後,再也沒有發生過因贈品包裝而引發投訴的現象,該品牌洗衣機的市場口碑也越來越好。隨著企業的成長和市場環境的變化,對企業制度進行修補、完善或調整是十分必要的。這不但不會破壞制度建設的穩定性和權威性,反而會有利於企業的成長。

作為管理者,要懂得審時度勢,依據周圍環境以及企業自身變化不斷完善制度。只有這樣,才能有利於企業的長遠發展。

2.越模棱兩可的事情，越應該制度化

對於管理者來說，越是模棱兩可的事情，越不能打馬虎眼，因為這些地方往往最容易出現問題。只有儘早實現制度化，才能避免因為制度漏洞而給公司造成不必要的損失。

張偉是一家玻璃生產企業的生產部經理，自企業成立以來，廢品率便一直居高不下，而且成品也常常因達不到客戶要求而產生投訴問題。為了改變這一現狀，他多方面尋找根源所在。收集的資料顯示，造成客戶不滿意的原因是玻璃成品中有明顯可見的雜質。而之所以會出現這樣的問題，根源在於公司的制度漏洞。儘管生產制度中有「有明顯雜質、污點的產品視為廢品」的規定，但為了降低廢品率，對於那些不太明顯的雜質和污點，質檢人員也就睜一隻眼閉一隻眼。

什麼樣的雜質、污點才算明顯呢？不同員工的衡量標準也不同，正是這種模棱兩可造成了客戶投訴。在張偉看來，越是模棱兩可的事情，越應該制度化。張偉馬上細化了生產制度，要求雜質、污點的直徑等於或大於 1mm 的產品均視為廢品，為此，他還專門給每位生產以及質檢人員配備了高精度的尺子，方便大家貫徹執行。這樣一來，原來模糊不清的成品衡量標準實現了制度化，有明確詳細的條款可循，不僅保障了產品品質，也避免了部分員工鑽制度的空子。這實在是一箭雙雕。

任何一個企業都可能存在相對模糊的管理區域，作為管理者，千萬不能置之不理，一定要盡可能地實現制度化。對於那些很難用制度硬性約束的工作類型，不妨採取軟制度，可以借助員工滿意度打分或客戶滿意度打分等方式來進行工作監督和檢查。

8 制度僵化會拖累企業的後腿

　　企業制度的本意是為了規範企業內部員工的行為，促進企業的規範化管理，讓制度更好地為企業目標服務，並更好地激發出員工的工作自覺性與積極性。如果企業制度的實施，抑制了員工的工作積極性，給員工一種被束縛的感覺，那麼，這樣的制度便沒有能夠起到應有的效果。

　　制度的落實離不開廣大員工的主動配合，如果員工對制度持抵制態度，而管理者站在制度的另一個方向推進，那麼，制度就可能成為管理者與員工之間的一條鴻溝。這時，對於員工來說，制度更大的作用，可能是對自己的一種束縛，而管理者也會為做一個制度的「監工」傷神費力。

　　企業制度是為了更好地實現企業的目標，並為這個目標的實現提供保障，至於制度的外形應該怎樣打造，則需要根據實際情況來定，而不能僅靠個人的主觀意願。同時，制度要嚴防僵化，要根據需要進行及時地調整。

　　一些企業青睞於「人治」，一個重要原因是覺得通過人的直接管理有助於提升效率，而那些「繁文縟節」的制度可能會降低執行的效率。在現實中，有些管理者並沒有深刻理解制度的內涵，本來好心好意希望「贏在制度」，最後卻受制於制度，結果老闆被制度弄得「心煩意亂」，員工在制度面前也叫苦不迭。於是，一些企業

開始對制度產生了一個問號：「制度真的能拯救自己的企業嗎？」

對這個問題，我們的回答是肯定的。在企業的制度體系中，存在著「真制度」與「偽制度」的區別。所謂「真制度」，是指制度與規律性的東西相吻合，最大可能地貼近規律；所謂「假制度」，就是披著制度的外衣，實則與規律相距甚遠。在企業管理中，規律就是那些規則性的事物，企業結合自身情況，按照一定規則行事，就可以獲得較大的發展。對於有些企業來說，可能也制定了相應的制度，但為什麼卻沒有收到預期的效果呢？這是因為，制度的品質千差萬別，符合規律的，才可以稱得上是真正的制度，不符合規律的，只能稱為「偽制度」。

所以，為了讓制度能夠激發出員工的生產積極性，避免「制度」拖企業的後腿，我們可以參考以下幾點：

1. 重視制度本身的品質

制定制度有兩個出發點：一是整體因素，那就是如何更好地完成企業的業績目標；另一個是如何更好地提升員工的積極性，促進人的發展。我們經常發現一些企業的制度事與願違，很多時候是因為沒有同時做好這兩個方面。制度需要「兩條腿」走路，這「兩條腿」一是整體目標，一是個體目標，缺一不可，否則，制度就會運行不暢。

2. 制度的實施方式要得當

在實施制度的初期，需要企業高層管理者的推動，而真正落到實處，還需要基層員工的普遍配合。如果企業在推行制度時，自居於監督階層，僅寄希望於對員工的監督、懲處，那麼這樣的制度往往只會有短期效應。因為制度生存的土壤在於基層，沒有基層的配

合，制度這朵再好的花也會枯萎。所以，我們在推行制度時，一定要想辦法讓員工積極參與進來。比如，在戰國期間，商鞅在秦國進行變法改革，希望通過獎勵耕戰，來提升秦國的國力，但老百姓對商鞅的法令持懷疑態度，為了贏得群眾的支持，讓百姓主動參與到變法實施中來，商鞅採取「南門立木」的方式，取信於民，這樣，商鞅的法令在實施中得到了基層群眾的積極配合，秦國也由於商鞅在制度方面卓有成效的改革而迅速強大起來。

在企業管理中，同樣也是如此。所以，制度是管理的法寶，你只有用好這個法寶，才能讓這個法寶為企業管理做好服務。

9 制度要嚴謹，切忌朝令夕改

企業規章制度是企業發展的有力保證，但如果朝令夕改，不但會影響整個團隊的凝聚力，還會降低制度的公信力，影響主管的威信。具體來說，制度的朝令夕改會產生以下幾種危害。

危害一：動搖制度的穩定性和延續性

朝令夕改會動搖制度的穩定性和延續性，從而降低制度執行的效果：好的制度對企業的發展意義巨大，但好的制度要起作用需要一個前提，那就是制度要具有穩定性和延續性。一旦制度失去穩定性，管理者在做決策的時候就有更多的不確定性，這很容易導致制度的朝令夕改。這樣會使員工無所適從，也會影響企業的發展。

危害二：損害管理者的威信和影響力

由於制度的朝令夕改，員工會對制度產生困惑，難以準確地理解和把握制度，從而導致在執行制度時出現偏差，導致制度無效甚至起反作用。另外，制度反復調整、修改，會浪費管理者的時間和精力，在增加管理成本的同時，又沒有提升管理效果，從而損害管理者的威信和影響力。

導致制度朝令夕改的原因：

1. 制定的規章制度不合法

規章制度不合法的表現有兩種：一種是制度的內容與法律相悖，違反了法律、法規的強制性規定。比如，有些企業在規章制度中規定「如果發生工傷事件，單位一律不承擔責任」之類的條款，這是違反法律、法規的，這樣的制度不會產生法律效力；另一種是制定制度的程式不合法。比如，在制定制度的時候，管理者沒有充分徵詢員工的意見，沒有體現員工的意願，又未公示，就強制推行，其結果是員工不買賬，難以執行。於是管理者又改掉制度，重新制定制度。這樣就導致了制度的朝令夕改。

2. 規章制度操作的難度太大

有些企業管理者在制定規章制度的時候，沒有問政於民，沒有對實際工作進行調查，沒有充分考慮生產、銷售、售後等環節的實際情況，做了閉門造車的蠢事，或把別人的制度生搬硬套過來，結果制度出臺之後，才發現制度「水土不服」，可操作性很低。這些情況也會導致制度的朝令夕改。

3. 規章制度不具備系統性和連貫性

在現代企業管理中，制定規章制度是一項較為複雜的系統工

程。但在現實中，不少企業在制定制度的時候，抱著「走一步，算一步」的態度，沒有注重制度的前後聯繫，導致制度與制度之間割裂開來，互相拆臺。這樣就無法形成一個完整的規章制度體系。比如，有家企業在制定品質考核標準中規定：檢查不合格將會扣除部門和個人的績效分，而在另一個條文中又規定檢查不合格處以罰款。

心得欄 _____

_____

_____

_____

_____

_____

第 七 章

企業制度表格化

1 重視企業表格問題

一、表格改善在現代管理上的作用

1. 表格與任何工作人員都有密切的關係

任何大小公私工商企業組織,均有不同的工作部門,包括了各種不同的工作人員,然而不管是最高首長、工作主管、甚至僅是負責操作的技術工人,他們的工作均有一共同的特性,那就是工作中常常離不開一張紙,也就是他們都有在一張紙上作業的機會。實際上也找不出任何一樣東西能像表格一樣,在任何不同的工作上都一律須用的。

因為表格是如此廣泛的影響了各種不同的工作人員,所以不良

的表格，常使這些人的工作重覆而混亂，以致產生目前一般所謂工作忙碌而效率低劣的現象。尤其目前各機構所使用的表格，每隨組織、制度、業務的政變，時間的遷沿，人事的變動，其種類、份數、內容均愈來愈多，愈來愈複雜，因此必須多用許多不必要的工作人員來從事這些煩雜而多餘的工作，形成用人費用的增加，而影響了成本的提高。

2.你知道為什麼繁忙嗎？

很多工作人員、主管人員，尤其是負責技術或生產的技術人員，常常發出怨言，他們終日為了抄寫、計算、填表及核表花去大半時間而無充分時間來從事有關督導、設計及技術性的工作。更有很多機構業務擴展，工作繁忙，人員的工作量大量增加。因此，人手不夠，須增用新人。然而查究其所以忙碌的原因，總不外乎抄寫計算等離不開表格的辦公室工作而已。

所以表格改善，不但工作得以簡化有序，尤其可以減少人員的忙碌而提高效率，消除目前所謂工作忙碌而效率低劣的不良現象。

二、為什麼很多企業機構沒有重視表格問題

表格的重要性以及在現代管理上的影響，均已如上所述。可是，目前仍有許多機構，並沒有能真正重視表格的問題，更談不到設有專門的單位或人員，專職擔任表格的管理工作。當然是有很多原因的，一般言之，其原因約有下列諸種：

1. 很多人常常不能明瞭表格（也就是紙上工作）的真正重要性，因為在表面上這些表格與生產的最後結果並無關聯，平時就養

成疏忽的觀念，因此常常不去瞭解它、分析它。

2.各單位主管與幕僚人員之間的聯繫，端賴表格作為媒介，其間的關係愈密切，則表格的來往愈多，愈需要詳盡確實而迅速的表格。並且更需要能容易填寫及閱讀的表格，以節省彼此的時間與精力，而確實達成溝通意見與觀點的作用。非常不幸的，在目前一般情形，主管人員與幕僚人員關係未臻密切，幕僚人員的作用未能充分發揮，因此，此種為媒介工具的表格，亦未能受到應有的重視。

3.至目前為止，很多企業機構對表格都缺乏一套完整的計畫，實際上所有的表格，大半僅隨情況的發展而自然產生的，也就是說，現行的表格多為隨機而造成的結果，因此不免形成重覆與混亂的現象。

4.各機構大多都未能設有專人負責表格的管理工作，以確保所有表格均能隨工作制度或工作程序的改善，而自動的予以適當的改善。

5.表格的良好設計與正確運用，均需要表格改善專門知識的人才能達成預期的成效。可惜，目前企業界仍多不明了需要借助具有專門知識的人來從事整理表格的工作。

2 表格改善的檢討內容

　　表格改善在現代管理上的重要性已如上述，惟在實際研究改善時，必須遵循有效的途徑去做，才能事半功倍而達到預期的理想效果。

　　研究表格，可從下述五種方面來進行，實際施行時，亦必須依照這些次序付諸實施。

1. 程序分析

　　即研究工作的辦事手續，或操作的動作，尤其有無多餘與浪費，以及有無重覆與雜亂的地方，如有，則必須予以檢討改善。因為這些多餘、重覆、雜亂的手續或動作，往往也就是產生很多不必要表格的來源，其結果是因工作繁忙而增加工作人員的工作量。

　　在實施表格研究的第二步，首先檢討工作的程序，取消所有不必要的動作、表格，以達到節省人力與時間，此為表格研究最有價值的做法。

2. 表格設計

　　經過工作程序分析，凡不必要的手續或動作已取消，所剩餘者，均為必要者。此時欲再進一步作表格的改善，則須進而檢討表格的內容，這就是表格設計檢討。根據經驗，我們常發現在研究表格改善時，欲單看一張表格，也許是一張完整良好的表格，然而在整個工作程序中，可能該表格與其他表格相重覆而須刪改，或者需

要與他表合併，甚至根本不需要。所以在研究表格改善時，千萬記住，不可先去研討一張單獨的表格，而必須收集整個工作程序中所有的表格一起加以研討，也就是說，無論任何情形下，在進而檢討任何一張單獨的表格之前，必先研究其整個工作的程序，這是一個很有效而必要的辦法。當然有時程序雖已分析改善過，但是在研究表格設計時，仍可建議程序上再作某些改善。

當工作程序內所有表格研討後，再進而研討每一張表格的內容。如何使一張表格填寫方便，閱讀容易，減少使用錯誤，節省使用表格的時間與人力，並圓滿達成使用表格的目的，在謀求科學管理，提高工作效率之要求下，這是非常重要的一件事。

3.表格流程

表格對工作效率的影響，除去表格本身的設計，如上節所述，應予注意外，更重要的就是表格的流程是否便捷，其影響不可疏忽，因為表格在流程上所耗費人力與時間的損失，往往亦為工作效率降低的主要原因。所以，在改善表格時，對表格的流程亦須予以何等的重視。

在研討表格流程時，有多種專為檢討表格而設計的圖解表，以資應用，並盡可能使流程簡單，路線縮短，並使處理手續避免重覆混淆，以節省人力與時間，以助工作效率提高。

4.表格管制

表格極容易隨人員、時間而任意增加，因此而造成工作之混亂、重覆。就是整理有序的單位，如對表格沒有有效的辦法予以管制，將逐漸再恢復到原來的混亂情況，則工作的重覆，人力的浪費莫此為甚。

　　所以表格必須有嚴密而合理的管制,使多餘而重覆的工作不致隨時隨地的產生,使所有人員的工作都是必要的,都是有價值的。也就是說,如果做好表格的管制,一方面能保持必要的表格至最少限度,另一方面能確保管理上所需要的資料均完全無缺,這就是管制表格最主要的目的。

　　研究表格而予以改善,是需要一些技巧的。凡是技巧,都是可以經過學習的階段而獲得所需要的技巧,天賦的智慧,可以使學習的過程縮短,但決不能省去學習的過程,所以認真的學習,是獲得技巧的唯一保證成功的途徑。當然學習改善表格的技巧,也不能例外。

　　在學習的方法中,如想獲得的是某種技巧的話,其最有效的學習辦法,就是實實在在的親自動手去做,由「做」中發現錯誤,改正錯誤,而獲得寶貴的實際經驗。所以在研究表格的程序上,最後的階段就是把以上所介紹的內容,實際的用到自己的工作上去。也就是說,各位可以從你們自己實在的工作上,選擇任一工作,並收集該工作有關的一切表格,拿來做改善的實例,試予研討,並提出改善的意見,再經過團體的討論,彼此交換各自的意見與觀點,由這些實例的演習,你可以在非常有趣的情況下,很快的學會這些改善的技巧。

5.有助於建立健全的報告、控制及授權制度

　　根據上述辦公室的性質,故表格的功能即在記錄、報告、請求及控制。因此,有效表格的作用,能在有系統的基礎上,經常不斷的收集並校正各種實際的資料,而得以確保資料的正確性和適時性,以作為良好管理行動的依據。

　　所以,由於表格良好的設計與運用,可促使表格的記錄、報告、請求及控制等功能作有效的發揮,而有助於建立健全的報告制度,進而要建立健全的控制制度。複因各主管人員能隨時獲得正確的資料,明瞭工作的進行情形,因而才可安心的實施授權制度。更由於表格能將必要的資料相互傳送,亦起了健全的聯繫作用。這些都是在現代管理中所企求的,也唯有在有效的表格作用下,才能完成這些企求。

6.可以提高工作效率,還可以獲得良好的關係

　　一張內容含混、線條不清的表格,不但使用時容易錯誤,耽誤時間,尤其令人一見生厭,提不起工作精神,縱是下筆而寫,仍多屬草率應付,缺乏效率可言,此種無形的損失,其影響至為驚人。相反的情形,一張內容明確、線條清晰、佈局美觀的表格,首先就給人良好的印象,產生一種愉快的心情,因此而能在輕鬆的心情下極容易而正確的填寫或閱讀,尤其能有興趣的繼續寫下去或讀下去,不易產生疲倦厭煩的心情。所以,良好的表格為良好的工具,不但可以有提高工作效率的作用,並且可以增進機構對內外的良好印象,而獲得良好的讚譽與良好的關係,而達成現代管理所企求的最主要的目的。

　　印刷不良的表格,此等表格令人一見即有眉目不清,重點不顯的厭煩感覺,立即會產生一種草率的心理,尤其對該表格的機構會發生一種缺乏效率的不良印象。

　　我們深信,有效的表格能振奮工作人員精神,能增進彼此間的聯繫,能助長良好的關係,更有助於健全報告控制及授權等制度的建立,並促使各主管人員能從工作的數量、品質、速度成本等各種

角度來衡量工作的結果，進而促進工作的成效，此亦即為現代管理最主要的目的。

3 養成用制度表格化的管理例子

「制度」不應局限於死板的條文，還應以形象、簡易韻表格呈現出來，讓每個團隊成員獲得一種規範化、流程化、標準化的操作指南。在制度落實中學會用資料說話，可以消滅管理「盲區」和「死角」，勝過千言萬語的繁文縟節。

摩根斯坦利董事長普賽爾說：「所謂企業管理就是解決一連串關係密切的問題，必須系統地予以解決，否則將會造成損失。」老闆想要建立一套完善的制度，就必須懂得如何進行表格管理。

⑴制度具體包含了生產制度、財務制度、銷售制度等多種形式。而每一項制度最後都必將反映在一張張表格之中。

⑵表格管理涉及市場的研究、監控，管理要素的統計和預測，它貫穿於經營管理的全過程中，最終掌握各個部門的工作情況，是老闆在資訊化時代必須掌握的一項基本技能。

⑶通過每張表格中的資料，老闆可以更加直觀、清楚地看到公司制度建設中的一些問題與不足，進而不斷「去弊取利」，指導下一步的決策及管理工作。

表格管理不僅是大公司老闆必須掌握的知識，也是小老闆應該

諳熟的管理手段，在今天這種資訊化競爭時代，資料在某種程度上就是公司的利潤來源。老闆不但要學會讀表格、看表格，更要學會用表格管理促進公司制度的落實，掌控公司的發展方向。

1. 工作日報表

生產性公司每天的工作情況如何，老闆應該有一份全面的報告，這就是「工作日報表」肩負的使命。在某種意義上，「工作日報表」反映了公司一天的生產、組織情況，是對全天人力資源、機器設備、生產計畫執行情況的匯總和記錄，也是公司員工遵守規章制度做事的體現。

通過工作日報表，老闆可以對每天的工作細節形成全面的認識，也可以根據實際工作需要有案可查。工作日報裏的作用還包括：

⑴清楚計算效率，瞭解實際生產能力，有據可依。

⑵更好地表現異常的原因。從物料的缺少，工程的變更到人員的調動等等，一系列都可以反映生產的狀況。

老闆掌握了這些資料，就能瞭解公司每天投入的資源有哪些，創造的價值有多少，生產經營過程中存在的問題，以及公司制度是否被貫徹落實。此外，老闆還能從中看到公司各種資源的配合度，發現改進公司制度的有效措施。

2. 全廠生產日報表

老闆需要對公司每天的生產情況有全面的瞭解，這就是「全廠生產日報表」存在的意義。全廠生產日報表制度要求，在這張報表裏，以「批號」和「產品名稱」為標誌，匯總「生產一線」、「生產二線」等各個生產單位的情況，包括「人力」、「工時」、「產量」等詳細指標。

還要求在報表的底部,老闆要簽字,以及附上審核意見,這樣就能夠對公司每天的生產情況進行概括總結,完成整體上的評價。

管理一個生產性的公司,涉及到各種資源的配置、人力的安排,並且還要應對市場的千變萬化,這就考驗著老闆對這項制度的落實程度。

生產型公司一旦投入運轉,就意味著資金、人力、原料的巨大耗費,所以老闆必須保證制度切實的落實,對每天的生產情況都要瞭若指掌,才能改善管理、有效掌握公司人、物、場所的利用情況,提高效率,以及趁早發現問題。

3.銷售日報表

銷售日報表是對每天銷售情況的記錄表格。運用「銷售日報表」這種管理制度,老闆可以監管行銷人員、掌握一線市場訊息、培養行銷人員精細化行銷的意識和習慣。

(1)銷售日報表是日後銷售統計總表的基礎。

對公司來說,每天賣了多少東西、賺了多少錢,對這些情況有真實的記錄,才能做到有案可查,為日後做出真實的銷售統計打下基礎。

(2)根據每天銷售情況瞭解市場變化。

銷售日報表是對某一時刻銷售情況的真實記錄,反映了當天市場行情的情況,從而為老闆觀察、瞭解市場提供最真實的依據。

(3)根據若干天的銷售記錄,分析市場走向。

把每天的銷售報表綜合到一起,就會形成一個動態的銷售變化圖。通過這一點,老闆能夠發現銷售趨勢,從而制定科學決策的管理制度。

　　老闆對銷售日報表的高度重視是成功實行銷售日報表制度管理的重點。對於業務員提交的檔和資料，老闆應認真過目並提出附加意見，還要重視處理或批示。這樣會使業務員加深對銷售日報表的重要性的認識，更好地遵守公司的制度規定。

　　4.營業日報表

　　營業日報表反映的是當日業務洽談情況，以及因此發生的費用支出。這個表格管理制度可以保證公司對業務往來情況的成本記錄做到一清二楚，也可以督促員工遵守公司制度。

　　(1)營業日報表是銷售行為的成本記錄

　　銷售過程中，除了要完成交易，實現盈利機會，公司還會付出相應的成本，承擔必要的費用。老闆通過營業日報表可以掌握銷售過程中發生的費用支出，並做到控制成本。

　　(2)控制好銷售成本

　　在銷售環節，除了人力成本、獎勵成本外，銷售行為本身還有一定的費用支出。老闆要做好銷售人員成本控制，既要敢於花錢，又要防止浪費行為發生，找到最經濟的銷售模式。[贏在落實]銷售日報表起著決定性的作用，老闆通過它可以進一步把握管理政策的方向。通過銷售日報表管理制度，老闆還可以對成績差的進行整改加強，促進整體生產力度。

　　5.月份銷售實績統計表

　　月份銷售實績統計表，是對銷售人員月度銷售情況的真實客觀描述。在這個表格裏，詳細記錄了「銷售額」、「成本」、「毛利」，以及「個人費用」等項目，反映了當月銷售收入情況，以及應付的成本。

通過月份銷售實績統計表的管理制度，老闆可以根據「收款記錄」，準確判斷出某個銷售人員的實際「績效」，監測他們對公司制度的落實情況。

(1)找到提升銷售業績的方法

通過這個表格，老闆可以對整個銷售團隊的水準有詳細的瞭解，對這個銷售市場有清楚的把握。當然，最重要的是在月工作總結中發現問題，找到提升銷售業績的方法。這一切，都有賴於經理人員與員工共同努力。

(2)指導銷售人員完成「銷售月工作總結」

月份銷售實績統計表，集中概括了銷售人員當月的工作情況，不但是績效考核的重要依據，也是員工自我總結的重要參考。

老闆要指導銷售員做一個有深度、有價值的月份銷售實績統計表，帶頭遵守公司制度，幫助他們實現自我成長。

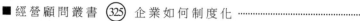

心得欄 ------------------------------------

----

4 表格設計的重點

一、表格設計的兩大原則

　　表格設計的方法與改善的技術可以有很多，然而究其來源，總不外乎下列兩種雖極淺近而意義卻又深遠的兩大原則為根據，在未詳細說明設計的各種要點以前，先將二原則介紹如下：

1. 表格內要有合適的資料及資料

　　目前一般表格所犯的通病，多半為具有太多不需要的資料，而需要的資料卻又往往缺乏不見。如何能做到表格內的資料都是必要的，毫無遺漏與不足，故對表格內應列入何種資料，應有系統的方法予以研究，而後再由表格使用者和表格設計者共同來研討決定。換言之，我們必須先決定表格的目的是什麼？這點最為重要，表內的資料為能滿足其目的為第一要務。

2. 資料要用正確的方法，安排在表格合適位置

　　這一原則看起來似甚簡單，然而欲得正確的方法而能安排於合適的位置，這倒是需要多方面瞭解後才可辦得到的事。

　　時下很多表格當你拿到手後，你簡直無法下筆，要填入的資料不知填於何處，要讀取的資料卻又不知印在何處，表內毫無一定的程次，容易寫錯，也容易看錯，看不清楚，更看不懂。故一位優良的表格設計者應如何站在填表者、閱表者的立場，更顧慮到工作者

的效率與印刷的成本，多方兼顧而設計出一張合適的表格，供給工作人員有效的工具，以增工作效率，這確實並不是一件簡單的事。

二、表格設計者需要知道些什麼

　　首先我們要問，在工作中為什麼要用表格，也就是說，表格的目的是什麼？過去工作中所有的記錄，報告以及請求和管制等都是用文字來表達的，這完全要視每個人對文字表達能力的好壞，來決定所表達的意念是否完善清楚。同時用文字來表達時，要選擇字彙，要考慮章句的結構，這些都是最浪費時間而又最不容易做好的事。在謀求科學管理，提高工作效率的要求之下，對浪費時間的事確有改善的必要，表格就是為適應此種需要而產生的。

　　因此可以說，表格的目的即在代替用文字的記錄、報告、請求或管制。因為用文字來說明，常常眉目不清、重點不慎，使閱者無法一目了然而有清晰的概念。因此，表格設計與運用，首在求其經濟有效，方不失去改用表格的原意，而達成科學管理的目的。

　　因此，一張設計良好的表格，其中所包含的資料必須要合乎邏輯的排列，這對以後工作人員使用此表格的方便與效率有莫大的關係。前面曾說過，一位不知設計或稱為創造表格者僅是提出了他所需要的資料，或僅是完成一張粗略的草圖而已，但是一位表格設計者則要按其實在需要畫出完整的樣張才行。此樣張如果是一張良好的表格，則必須要滿足下列各點：

　　1. 必須能滿足工作的目的與設計方面的要求，並能以工作者心理的立場來設計其所須完成工作的順序。

2.必須設計得使工作者填入資料時容易而快速。

3.必須設計得使已填入的資料能極容易的使用。

4.必須設計得於使用時可以發生錯誤的機會,能減少到極小程度。

5.必須設計得使印刷者能於最有效而經濟的情形下完成印刷工作。

如果你能滿足以上各種要求,才能算是瞭解到一位優良的表格設計者應知道的設計知識與技術。所以你如果想成為一位真正理想的表格設計者,除須熟悉上述有關表格設計的知識外,尚須一方面徹底弄清楚有關工作的實際詳細情形,另一方面更需要對印刷方面有相當的瞭解。因為這些知識能有助於供給你正確的設計方向。

總之,一位優良的表格設計者,必須常常記住下面的話,「表格設計的要素,不僅在減少紙張及印刷費用,尤其重要者,在減少使用時的準備、閱讀、分發及歸檔等工作。須知表格的價值在其中的資料,而非其所耗的工作量」。

三、表格設計的五大要點

根據以上表格設計的兩大原則,發展出表格設計時實際所用的五大要點,每一要點亦即為表格設計的指導,如你想成為一位優良的表格設計者,則必須對這五大要點認真瞭解與切實運用。茲將五大要點分述如下。

1.使填表者及閱表者均樂意接受——心理態度

每天工作人員一開始工作,當第一眼看到表格時,即在心理上

產生一種印象，印象的好壞，端賴該表格有形的外表而決定，也就
是全視：

(1)表格的設計——設計得如何？

(2)表格的印刷——印刷得如何？

而產生不同的印象。

表格的設計方面：

將所有的資料皆紊亂的分散在整個表內，絲毫沒有一點順序或
作任何有次序的安排，為重加設計者，其資料排列有序，層次分明，
一看就覺得內容清楚而明顯得多。

任何一張表格，如有以下的情形，均屬於設計不良的表格：

①假如把表內屬於說明的資料不安排在表的頂端，而與表的主
體混雜在一起，則致使工作者無法於開始時即獲得清楚的指示，表
明了應注意些什麼？或應做些什麼？將很容易使填寫發生錯誤。

②假如書寫線太窄太短，而無法寫出應寫的資料。或原應有書
寫線的地方，而沒有印出來，很可能使填寫的資料過擠或過小，不
能整齊美觀，看不清楚。

③假如鉤填法所用的方塊過小，不能很明顯地表示出所劃記的
符號，而僅能畫一極小的點記號，即無法清楚的表示出選擇的結果。

④假如資料的項目間隔過近，由一項目引出的線卻好似引至次
項目的線，當劃去某一項目時，其劃線常影響到相鄰的項目，好似
劃去了相鄰的項目，極易產生錯誤。

⑤假如表內有很多同樣粗或細的線條，則極容易彼此混淆不
清。或採用了太多的顏色，致產生雜亂的感覺。

如表內犯有以上任何一條，所述任何設計的可能錯誤，則當工

作人員拿起該表時，無疑的，必將激起其心理上的不良態度。

表格的印刷方面：

· 假如表格複製時疏忽大意，粗製濫造。

· 假如線條中斷，字句不連，或缺少部分的字跡與線條。

· 假如資料的全部或部分印刷模糊不清。

· 假如複製時製版不良。

· 假如印刷人員的技術不良。

· 假如購置人員極力壓低印刷費用，以致印刷廠商無法作合適的印刷。

· 假如紙張太壞，書寫的筆不良，或墨水易飛開等等。

以上任何一點，所述任何情形，發生在表格的購印過程中，你就會得到一張不良的表格，無疑的，將影響到工作人員的工作心理與工作態度，因此而破壞了工作人員的工作成效。

總之，任何設計不良、印刷不良的表格，或書寫工具不良或紙張不良，均造成心理上不良的影響，使工作效率低落。

在管理上，我們曾花費了很多心血，也花費了很多時間與金錢，其目的乃在想盡各種方法以便提高工作效率。例如在工作場所選播合適的背景音樂，或選用合適的顏色，以影響工作人員的心理態度。科學的設計桌椅，選配特殊的燈光，使工作人員身體舒適愉快。上下午各有用咖啡的休息時間，以減少每日工作時間的疲倦與單調。更有些工廠還準備了早、午餐，以免工作人員於交通最擁擠的時間趕乘公共交通工具之苦。這些都是促使工作人員心理樂意工作而增加效率的辦法。

綜上所述，所以表格設計的第一重要因素，即在能激發其心理

態度，使所有每日在工作上與表格接觸的人，都能樂意去從事工作。時至今日，管理上的費用為數至鉅，如何在工作人員心理上激發其樂意工作的意願，這是無庸置疑且必須首先應做的事。

2.資料能夠很容易的填入

當工作人員拿起任一表格，必然的，要按照表格內印就的指示，在空白欄內填入適合該項目的資料或資料。表格對工作人員心理上的影響，首先即影響到這些要填入的資料或資料。總之，這些填入的資料或資料，則更能影響到該表的應用，是否能達到有效率的地步。

如果表格的設計使工作人員能很方便而容易地填入資料，亦即適合了表格設計的第二要點。否則，如設計的表格，致使填入資料非常困難，則工作人員的工作速度必會慢下來，因此工作人員的成本亦必將因此而增加。

表格內要填入的資料，普通有兩種方式，其一為手寫，其二為用機械，如打字機或其他計算或商用書寫機械等。

至於填寫表格的處所，有的是在辦公室內，或在辦公桌上，或在書寫機器上。有的也許是在裝卸的露天月臺上。也許是在工廠裏，在機器咯咯聲圍繞之中。也許是推銷員或檢驗員坐在汽車中，或許是在燈光與通風不良的倉庫內，以及在其他應用表格的各種情況與環境的場合。

但是不管是屬於上述那種情況，如果是一有效率的設計，尤其在對填入資料方面而言，都必須適應下列各基本條件：

· 必須預留足夠的填寫位置。

· 不論書寫的方式或為手寫或用機械，都必須具有合適的書寫

線。

· 表內的資料必須有正確的安排與層次。

· 對填入資料的說明部分必須置於正確的位置。

· 每欄有明顯的分界及清楚的複製。

茲再逐條詳細說明如下：

(1)足夠的書寫位置

我們都可能有這種經驗，常常遇到很多表格，其預留的填寫空位又窄又短，無法將應填的資料全部填入，所以只好隨意的寫一點，或是儘量的縮小擠在一起。因此，該表所欲獲取的資料，不是簡略不全，就是過小過擠而根本看不清楚。如此的話，都失掉表格的作用，不能達到表格預期的目的。例如表內常有一欄要填寫位址，結果「永久通訊位址」六字排得整整齊齊，佔去了一欄的大部分的位置，而僅留下一小部分地位，以供填寫之用。

查其原因，不外乎是創造表格的結果。再則，即是設計草圖者並無一定的規格，任由排版者按照排版的情形，作了設計的最後決定，其結果，在排版者的立場，他僅將要排的字排滿即為滿足，至於留下的空位是否足夠填寫，則很少顧及。由此可知，如設計者不作規格的決定，反而任由排版者隨意決定，定會鑄成很多不良的後果。所以，表內的資料，如不重視填寫者的位置，反而僅以印刷的資料排滿為滿足，這種情形，猶如馬車，反而將車置於馬之前一樣的不合理，但事實上確實是如此。

(2)合適的書寫線

在手寫的情形，最主要應考慮的，即須有足夠長短寬窄的書寫線，以便能據以將要填之資料填入。為了滿足這一點，勢將廣泛的

考慮到填寫人的不同，以及其填寫時工作的環境不同而有所區別。普通來講，會計人員通常均坐在辦公桌旁，在良好的照明下書寫。但收貨員通常只能在月臺上、或倉庫內不良的光線下，在手持之記錄板上書寫。其兩者所需要書寫線之寬窄、長短、粗細及明暗不同。書寫線應為細線或細點線，如連續多條書寫線時，應每隔四行或五行用粗線或實線予以分隔。所有線條最好用淺褐色印製，使黑色的填入資料能更為明顯易讀。千萬注意，不可僅留一片空白任其填寫，致使填寫不易整齊，而閱讀者易生錯誤。

(3)正確的安排資料

如將任一工作予以分析，你一定可以發現表格的資料均有某些一定的程序，且這種程序需按照操作者的心理，以及填入資料後的應用情形而定。

這種程序通常可照下列五大部分予以編組：

①鑑定部分

包括名稱、聯數、編號、張數等。任一表格均應俱有名稱及表的編號（可能例外者如信紙，其頂端僅印機構名稱、地址及電話號碼等並無表格之名稱），且名稱應僅可能表示出表格的主要內容，以便幫助工作人員，使其注意力能針對其工作的主旨，並協助工作人員在開始使用此表時，即能在正確的觀念與基礎上。

②說明部分

在表格內的說明部分有兩種常用的型式。

其一為說明表格應如何完成。

其二為說明此表填妥後應送達的單位。

以上這兩種「說明部分」都必須很清楚、簡要，並正確的置於

表格的明顯部位。

③介紹部分

此部分為提供一種發生行動情況的資料。普通包括：資料是誰發出的，資料發給誰，資料是在何時及何處發出的，以及其他足以管制表格主體內發生行動的其他情況。介紹部分必須列於表格的上部，或分別註列於其有關的欄內。

④主體部分

此部分包括表格內資料的重要部分，系根據介紹部分已規定的情況而發生的行動，在很多的表格內，主體部分均佔全部資料的大部分。如果表格的設計是有效而經濟的，則表格主體部分的資料必須要詳加分析與組織，使其能適合其主旨並在主旨的範圍以內。

⑤結束部分

此部分通常包括簽字、建議、批判或其他表示對主體資料的批准，或生效的總結資料。此部分資料，通常置於表格的最下端。

當然並非每一張表格均包括上述的五大部分，不過，無論如何每一張表格幾乎均有些資料屬於指示某工作應如何做，即「說明部分」。另一些資料則構成表格的「主體」。也有些資料構成該工作的結論，即「結束部分」。以上三大類「說明部分」、「主體部分」、「結束部分」，其資料必須要特別小心予以分析，並務使說明部分的資料儘量排印於表格的最上端。繼之，則為表格的主體。表格的最下端則為結束部分的資料，此三大部分的資料必須用明顯的分界，予以分隔，以便引導其注意力，能很容易的按照表格的順序，從頭至尾逐步有序的完成其工作。

事實上，非常不幸的，常常都不能如此的做到，「說明部分」

與「主體部分」的資料有時則混在一起，有些原屬於「說明部分」的資料，卻混置於結束資料之內，而結束的資料，則又置於「說明部分」，這些資料不能正確安排的結果，使填表乃至閱表時，混亂而沒有系統，對工作效率發生極大的不良影響。除非我們能借表內資料合適位置合適安排的助力，致使工作者得以形成一種充分有次序以外，則填入資料的速度必不可避免的會慢下來，而填寫的成本將大幅增加。

(4)「說明部分」的資料必須置於合適的位置

你曾否有過下面的經驗，當你填寫表格時，當已填至表的最下端時，或填至反面完畢處時，忽然看到印得很小的一行字「請填一式三份」。請注意，此時由於你已經填好的表僅有一張，而感到非常懊惱與煩燥。在日常的情形中，常有與此相類似的情形發生，其原因則皆歸因於說明如何填表的資料，安排在錯誤的位置上而形成的。

如前所述，表格上「說明部分」有兩種方式，即告知如何去填表及填妥後該表的遞送程序。很明顯的，前者必須旋轉於表格的頂端，以便填表在開始填表前（不是在填表後），即能看清楚此「說明部分」的資料。否則，將造成一次又一次不必要的重覆填表，或者即將得不到所需要的份數，以滿足該表多方面的目的之用。至於遞送程序部分，可按設計的情形，得置於表的上端，或置於表的底部均可。

(5)每欄有明顯之分界並複製得清楚明晰

此種因素不但可影響心理的態度，並且更直接影響到填表的難易度或有效性。假如因印刷模糊，致使填寫者無法看清印刷的字

跡，或者板型或蠟紙破損則字跡有塗汙與油斑，則填寫資料將被油斑所遮蓋，致使該表的作用變成沒有效率。

印刷至為惡劣，使書寫線不平均，或書寫線位置安排不良，則填入資料的速度勢將降低。不管是印刷或辦公室自己複印，無疑的，一張良好而清楚複製的表格，將有助於填寫者能將資料很容易而有效的填入。

至於每欄的分隔，更應明顯清楚，不但可使整個表格能整齊清楚，尤其能使填表者的心神亦為之振奮。否則，眉目不清，區分不明，無法一目了然，終將缺乏清晰的觀念，至使填表者精神一片模糊而已。

所以為了填寫的方便與效率，千萬別忽視表格的設計與印刷階段。辦公室工作的成本已日漸龐大，我們曾一再強調，最重要的事，就是必須設法控制那些影響效率與成本的各種因素。

3.已填入的資料能很方便的運用

當論及一張表格時，假如認為第一步是將有關資料填入空位內，以滿足表格的目的的話，則其第二步很明顯的就是所填入的資料必須有人去閱讀它。填入的資料是否有效，這是表格最後的評價。所以，如果一張表格的資料很難閱讀，則不管其資料如何容易填入，決不會承認是一張良好的表格。

在考慮到表格的資料容易閱讀或容易瞭解方面，則必須牢記，任何表格的資料均包括兩種基本類別，第一種為表格內「印就資料」，也就是固定的資料，因為它們均已印好在每一張表格內。第二類為「填寫資料」，也就是變動的資料，因為每個人所填入的資料很可能是不相同的。

表格內「填寫資料」有效運用的三大因素如下：

⑴可見性，也就是明顯的程度。

⑵易讀性，也就是容易閱讀的程度。

⑶眼的疲勞，也就是使眼睛疲勞的程度。

可見性即是任何物體能為眼看到或為眼所接受的範圍。易讀性即為可以閱讀的程度，尤其為其是否能在一定的時間內可以讀完。眼疲勞程度即當閱讀時眼睛肌肉變成疲勞的程度。

閱讀時如可見的程度降低，則必為使用眼力已達疲勞，因此而必增高錯誤的可能性，這是最昂貴而奢侈的填寫工作。

「印就資料」在一般表格中常用活版或用各種複印方法複印，每一種印製方法都有它自己的特性而均影響到可見性及眼的疲勞。因此，在一張真正有效表格設計出來前，或印製前，任一表格設計者必須先對這種特性有清楚的認識。

「填寫資料」則常使用打字機、複寫紙，鉛筆、鋼筆等來作為填寫工具，同樣這些書寫方法亦各有其特性足以涉及到可見性、易讀性及眼的疲勞。

因此，「填寫資料」是否有效，首先必須視表格本身效率的評價，而後再依其「印就資料」的情形才能決定。換言之，表格的應用效率不能單獨以其「填寫資料」或「印就資料」予以評價，而必須當閱讀時將兩者連結起來比較其相對價值而定。

不論何種資料如須用精細字體時，其效率的好壞，關鍵並不在可見程度、易讀程度及眼的疲勞等問題，而在於能否看清楚，在其本身的安排而已。根據試驗則發現下面一些互為矛盾的情形，即精細字體如單獨對可見程度而論，並不是一種特別有效的字型。另一

方面則發現，其每分鐘能讀字數比普通字體要較多，但是卻又易使眼睛疲勞，因此而使文字作業發生錯誤。為能減少此種錯誤起見，則表格設計者最低限度必須做到不要使這些「填寫資料」被太粗、太大、太黑、太突出的「印就資料」所包蓋，而再增加其錯誤的程度。因此，表格一定要小心設計，得使「印就資料」能清楚，但不得淩越或遮蓋「填寫資料」。「印就資料」則必須退卻得成一背景，剛好足夠使「填寫資料」明顯現出，以便能很快且有效率的閱讀，而不增加錯誤的可能性。

影響資料的可見性，尤以章節的分段、主體資料型式的大小，以及行的長度與緊密等為最甚。任何資料如因其量甚多並須用較小字型時，切勿橫過全頁書定或排印（即橫行之長度太長），並不得排列密集（行與行間靠得很緊）。如此，不但看時眼易疲勞，尤其常易將行數看錯。故為求可見性良好起見，則如全頁過寬即橫行過長時，須將一行分做兩段書定，使一行的長度減短，同時行與行間分隔應較遠些，如此則行數不易看錯，而增加易讀程度並減少眼看的疲勞。

在研究辦公室所用各類複製方法所產生的表格時，對其可見性、閱讀速率，眼睛疲勞以及錯誤的可能性等方面予以分析，至為重要。例如辦公室一般最常用的油印機，多半都用於印製少量的份數，通常最多約為二百份，仍要視臘紙刻得好壞而定，據試驗結果如下：

又如用複寫來複製（手寫或打字），則複製件的好壞，全視複寫紙的好壞而定，至於寫的方法不對是很少見的。根據試驗優良的複寫紙與普通不良的複寫紙，用同一打字機（或用同一人去抄寫），則

所產生的字，前者字跡個個明顯清楚，後者則有些雖仍清楚，但卻不甚明顯，有些更是部分殘缺不清，閱讀時則甚費力費時，此二者與可見性、易讀性及眼疲勞的關係如下表所示：

影響表格內已填入資料的應用者，除上述可見性、易讀性及眼的疲勞外，還有下列幾種因素：

(1)每欄標題應簡潔明確。

(2)資料要有次序的組織好。

(3)有足夠的書寫位置而不浪費紙張。

(4)能與其他有關表格作同一的設計。

以上這些因素，要特別指出的是，這些因素對已填入資料的應用，與對填入資料時實際的操作，都具有相同的影響作用，茲再簡要說明如下。

(1)每欄標題應簡潔明確

如對表格資料的來源能弄得非常清楚，則繼之印在表格上的文字才有可能獲得同樣地清楚。如此，很明顯的，對使用表格的人，不管是填表者，或是隨後應用表格上這些資料者，均將產生極良好的心理反應。

茲舉通常所用的「薪俸表」為例，此表即為記錄薪金及工時的表格，然而如收集多家不同公司的此種表格予以分析，定會發現至少有很多種不同的標題(名稱)。像如此一種簡單的表格而竟有許多種不同的標題 (名稱)，幾乎是令人不可相信的，但事實上確實是如此。另外的情形，即表格的標題(名稱)過於冗長，不夠簡明，例如：

「××公司××廠×××表」或「公務汽車借用單」，前者如

為內用表則公司及廠名稱不必印出,如為外送表,公司及廠名稱應用較小字體排印於「×××表」之上方,使表的名稱能清楚的顯現出來。後者應僅用「請車單」三個字即可,實不必需要七字之多。毫無置疑的,凡標題名稱混淆不清的表格,無法清楚的指出該表的內容,使閱表者很難立即瞭解該表的主要作用,在有效應用的立場,實在是決不會有什麼助益的。

表格內的標題通常都是印在書寫線上,或書寫空位的左上角,以便告知工作者針對某些特殊的目的,需要些什麼資料,或者告訴其後應用表格者,其資料所表示的意義如何。在此種情況,此種標題其作用則極為重要。假如標題甚為清楚而明顯,一定能使工作進行得更快些,同時亦更具確實性,更具準確性。簡言之,任一表格上標題明確的程度,對表格內的資料,不管是你要填入的資料,或是已經填入的資料的應用,都會在效率上發生決定性的影響。

(2)資料要有次序的組織好

資料有系統的組織,不管是對填表者,或對以後應用表內資料者,都有相同的重要性。事實上非常遺憾的,很多表格內的資料,卻常常未能好好的予以合適的組織。

任何事情,對有系統的狀態總比無系統者要容易得多,當然表格也絕不會例外。假如表格內的資料能有系統的組織與安排好,與那些未依照特定意義的程序來合適的組織資料,而僅將資料隨意安排,或表現得毫無系統的表格來比較,前者一定能工作得更快、更有效、更準確。

(3)有足夠的書寫資料而不浪費紙張

很明顯的,如表格的資料緊緊擠在小小的面積上,要比那些資

料書寫得非常整齊,並置於合適位置者,要難閱讀得多。在很多情形下,表格設計者總是常常犧牲了書寫位置,而去印刷標題。

在設計表格時必須記住,表格不但有人要填入資料,而且更有人要閱讀這些已填入的資料,因此設計時必須以填寫及閱讀時所需要的條件,作為預留填寫資料位置大小的準繩。

⑷與有關的表格作同一的設計

在整個工作過程中,很少的表格是從頭一直傳送至末尾的。很多情形則屬於先將某一資料填入一表,次之,即由該表再轉抄入另一表內。或者填入一表內的資料,影響到將填入另一表內的資料。所以在設計表格時,下列兩問題須自加考慮:

⑴從何表的資料轉抄入此表?

⑵此表的資料將轉抄入何表內?

以上兩問題對在設計表格,或表格重新排列時均有甚大的價值。假如表內資料未能考慮到依照其後的工作程序去排列,則必影響整個操作效率的降低。這些問題的重要性,必須在完成最後的設計之前,先要對上述問題有肯定的回答,並作同一的設計。當然,同樣仍需考慮此表以後的工作程序,以及其所用各表的資料。以便填寫資料時可一次複寫完成,讀取資料時可在相同的位置獲得所需的資料。

4.能儘量減少填入資料或運用表中資料時發生錯誤

當分析表格填寫錯誤的損失時,很容易認為書寫者在表格上的任何錯誤,其人力、工作時間與薪資的損失,遠比被丟棄錯誤表格本身的成本要大得多。當然工時及薪資的損失固甚巨大,但是我們更應知道,有時由於表格資料錯誤的影響而產生的結果,其損失比

工時及薪資的損失更為巨大。茲舉記時工作記錄為例，常常發現很多人當豎行加算時，常加錯另一行之數字，結果在總結數字上即發生了錯誤。

　　一般情形，記時的資料有兩大作用，其一為計算工資，其二為計算勞力的分配。如因錯寫行，或相加錯誤，結果將增加查詢核對資料的工作。在較大規模的工廠，通常很可能要二或三個人去從事查核並改正時間資料。此種計算費時的原因，由於在同一廠內，常常同時應用了很多種類的報告，並且很多又常常可能發生錯誤，一一核算，既費時又麻煩。可是我們要注意其所以有此種錯誤的原因，通常大半都是因為表格在設計方面未能防止最初填入資料的錯誤，或至少減少此種錯誤的可能性。事實上，很多「時間報告表」如此重覆的設計，不但易造成各種錯誤，亦常常促使錯誤發生的機會增加。

　　另一種例子，在物料控制記錄上可以看到，假如一旦誤看資料，即影響到存料的正確。一位行政主管曾說過，此種物料控制的分析，要花費掉比正常二倍的時間來查明錯誤而予以改正。

　　其他類似的例子，不勝枚舉，可是這些正足以說明表格上的任何錯誤，在工作者時間上的損失，必然常常是遠勝於表格成本的損失。

　　由此觀之，有足夠的理由，使我們確信，表格在最初設計構想的階段，即必須盡一切努力使錯誤減少至最低的程度。非常不幸的，通常都不是如此，大多數表格的設計，均常因不合適的水準書寫線及垂直書寫線，不合適的分隔，書寫過擠，數字或文字斷開，填入的資料隱匿於粗黑的線條或框欄之中，或其他設計的缺點，而

促使容易發生錯誤。

良好表格的設計，常可以預防表格中錯誤的發生，其重點如下：

(1)資料齊全，但避免不必要的資料

一般的情形，依照表格的目的而言，其資料不是太多就是太少。資料太多，則使表混亂，阻礙工作效率。資料太少，則將發生困惑或困難，不易達到表格的目的。我們希望表格設計者必須儘量包括表格創造者的意思，但不要有不必要的資料即可，可用程序圖來核對資料是否必要。

(2)豎行應清楚的分隔

分隔必須清楚明顯，以易區別而減少錯誤，但亦須避免太多太黑的線條，同樣使表格看起來模糊不清。所以，應用線條必須粗細合適，以增表格的使用便利。

(3)能容易並準確的依照書寫線閱讀

書寫必須有書寫線，避免一塊空白，任其填寫，以資整齊美觀，資料清楚。書寫的資料，亦如前條豎行的分隔一樣，必須要清楚而明顯的分隔。例如每五行印一粗線或其他顏色線，以減少錯行的機會。

(4)「印就的資料」與「填寫的資料」應儘量靠近

往往「印就資料」與「填入資料」的位置設計得過遠，因此，填入資料或讀取資料時，極容易發生錯誤，且頭與眼更是來回往復移動，極易疲勞而降低效率。

(5)設計良好的表格可引發使用者良好的工作情緒

主管人員，行政管理階層，他們均必須由送到他們面前的各種表格的資料中，去衡量情況而作成決策。因此，他們的時間重要性

以及其金錢上的價值，要比一般做表人要昂貴多了。因此表格影響
這些人心理上的態度而產生工作上的效果，要比基層人員更加重要
得多。

假如字跡印刷重疊模糊不清，或因固定資料太大而將填入資料
藏匿其中，或印得太粗黑，或表內資料未有一合乎邏輯的次序而使
閱讀者的眼睛須在表上前後往返重覆跳動，找尋所需要的資料，於
是使有價值的時間與努力都將變成無謂的浪費。

綜上所述，設計表格第一重要的因素，即在表格對於每天應用
表格者，或所有與表格接觸者，所能建立起的心理態度。一張表格
的設計或印刷，能令人產生一種良好的心理態度，減少填入或應用
的錯誤，同樣道理，一張表格的設計與印刷也能令人產生一種不良
心理態度，不但容易發生各種錯誤，尤其可促使所有接觸此種表格
的人員，不論是意識的或下意識的均將發生工作遲緩、缺乏效率的
結果。

5. 在適合工作人員有效運用範圍內，印刷及紙張均 很經濟

關於印刷與紙張的經濟問題，在一般情形常很重視這一問題。
然而實際上，此等費用僅為用人費用的 1/8-1/10 倍而已，如果重
視購印的費用而不同等重視表格的設計與管制，則為本末倒置的現
象。須知道，在一般情形之下，表格的小心設計與管制可節省表格
的成本與使用費達 15～20%，且僅包括物質的節省，尚未包括人員
努力的因素。所以，我們的注意力不應僅放在印刷與紙張上，更應
同時放在設計與管制上。

當然印刷與紙張對表格的運用亦有甚大的影響，例如字跡不

清、中斷，字句不連，線條不清，都是印刷不良的結果。再如墨水易飛開，紙面過滑，反光太強，都屬紙張太壞所致。因此，一張良好設計的表格，因為印刷不良，紙張不良，以及書寫工具不良，均將造成心理上的影響，影響了工作效率。

節省印刷費用的方法，不外乎下列幾種：

⑴合併相同的表格（此點須有健全的表格管制）。

⑵減少太多副本聯數的印刷。

⑶選擇合適的印刷方法。

原則上凡個別購印，均為無計畫無管制的現象。任一單位的表格均應成批購印，即統籌全單位全年份的表格，凡紙質相同，顏色相同，同時交貨者，應一次並排複印。如為長期使用的表格，亦可訂立長期合約，印刷廠商可事先準備，大量印製，以免臨時匆忙趕工，甚至無法如期交貨。另一常用表格的印刷辦法即為留底版或橡皮版保留，以免每次排板的麻煩而耽誤時間，並可節省大批印製後的儲存地積及保管費用。

心得欄 -------------------------------

----

5 表格管制的重點

一、表格管制的目的

　　表格雖經慎重設計，並獲良好的流程，但或因日後使用者常常自行修改增減，或因組織、工作、以及人員的變遷，致使原來良好的表格變成不合原則，甚至成為多餘的表格，這些都是因為沒有嚴格而合理管制的結果。因表格無限制的增加或改變，以致愈積愈多，最後逐漸形成工作重覆，人員忙碌，但效率反而低落的不良現象，所以表格管制在研究表格中是非常重要的一件事。尤其表格管制不但能如上述可使表格的種類與數量恰當外，尚可促使表格上的資料能夠處理簡捷，能使表格的印刷、保存、分發都能經濟有效，能藉其良好運用，增進更好的工作關係與工作效率等等多方面的效用。

二、表格管制成功的必要基礎

　　1. 表格管制的必要性應在機構管理政策上明白表示，以利執行。

　　2. 業務單位的幕僚與直線主管間，對研究表格的責任和許可權應有明確規定。

3.機構內必須指定合適單位負責處理表格管制工作。

4.負責管制人員對各業務單位的工作因素（如工作程序、作業流程以及工作中的實際需要等）應有徹底的瞭解。

5.管制人員應懂得正確的表格設計與使用方法，並會利用工具來解決表格管制作業上的問題。

6.表格管制作業必須與各業務單位的方法管制、程序管制有適當的配合，並保持密切關係。

7.表格管制作業必須與表格設計、購印、運用等有適當的聯繫。

8.表格儲存及分配應有明確的規定。

9.最後一點也是最重要的一點，成功的表格管制，應經常聽取業務單位使用表格的意見。

總之，表格管制是否能有效果，端賴最高層主管的推動與支持，高層主管人員必須對此具有適當的瞭解與相當的興趣。當然，從事管制工作的人員，自己本身亦須充分明瞭此為幕僚人員的責任，這責任更應包括管制、聯繫、服務及顧問等基本幕僚職能。

三、管制表格的基本因素

表格管制問題與其他問題一樣，其中包括了一些基本因素，如對此等基本因素未能注意，將使表格管制工作全部或部分遭到失敗。一種良好的表格管制須具備下列八項基本因素：

1.能明瞭表格設計者原始的意義。

2.能明瞭表格設計的原則。

3.表格的規格（紙張大小、紙質、字體、線條等等）須使印刷者

可以接受。

4.能明瞭表格購置的手續與方法。

5.能明瞭表格印刷的情形。

6.能明瞭表格儲存與分發的情形。

7.能明瞭表格的使用情形。

8.能明瞭表格歸檔保管的情形。

四、表格管制的實施步驟

表格管制的實施可按下列建議的簡要步驟辦理。

1.在政策上決定如何設置管制組織，並規定其隸屬與職掌。

2.頒佈管制範圍，明訂各工作單位的責任，並通知隨時研討，定期考核。

3.訂頒表格設計標準，建立編號系統。

4.訂頒、收集現有表格辦法。

⑴各工作單位將現用空白表格附說明，送二份給表格管制部門。

⑵嗣後設計新表格或現用表格重印時，應將設計底樣或現用表格樣張附申請單，送管制部門審查、編號、協同檢討、複印、發領。

5.建立表格檔案。

表格管制部門收到各單位送來表格二份後，應即放置於卷夾內，卷外加貼標籤註明，並分類：

⑴按編號分類(照數字順序)予以編號，每表一卷，此卷包括該表的所有資料。

⑵按效用分類。可按工作程序分類，即將某一工作程序內所有表格集中一卷內。

⑶不適用表格另成立不適用類。

6.分類完畢，應即進行審查，審查時按照表格設計原則審查其設計，再製成此表格的流程圖解，並檢查其流程是否可予簡化，以減少浪費。檢討時不可僅注重理論，應與使用者縝密研討，以實用為主。

7.按每月使用量及印刷所需時間，決定庫存量，按期印刷供應。

8.凡現用表格存量已少，即將複印時，須填附「表格購印通知單」或設計新表格，須填附「表格資料表」先送表格管制中心，待其研究核對後，才可複印。

9.所有表格應每年重新審核一次，剔除其不適用者，改善其仍繼續使用者。

10.訂定表格管制程序，以及設計表格管制用表，以利管制工作的推行。

心得欄

_____

_____

_____

_____

_____

_____

6 表格改善的檢討要點

　　關於表格設計諸多要點，以上各節均已詳細介紹，可供研究表格者作有系統而深入的瞭解。然而其重點，點點滴滴，為數甚多，當實際應用時，常甚難全部記憶，易生遺忘，致影響表格改善的有效進行。

一、有關目的方面

1.表格的目的為何？

　　無論是新編表格或修訂表格，這個問題都必須首先要予以考慮的。因為如果找不出目的，或有目的而非必要時，當然此表格即可取消，以資儉省。尤其在檢討現行表格時，一經考慮此問題，大多數表格不是可以合併就是可以取消。請注意，凡適合目的的工作是有效的、有價值的，凡不適合目的的工作就是無效、浪費。所以，我們必須首先用此問題來決定表格的存廢。

2.分析表格目的有系統的做法

　　應首先用下列問題來清理表格是否需要：

　(1)此表格有何目的？

　(2)其目的是否必要？如不要有何害處？

　(3)如一定需要，則其理由為何？

經上述問題發問後，對現實情況有了詳細瞭解，可再用下列問題繼續檢討：

⑷如有好幾種目的，那一種最重要？

⑸目的是否正確？

⑹此表格的使用是否能完全達到目的？

⑺是否有其他相同的表格在使用？

3.表格不得隨便增加

表格不得任其隨便增加，因而增加工作量，所以要用下列問題來做這方面的檢討：

⑴此表格是否必需？為什麼？如取消有何影響？

如屬必需，則續問下一問題，否則，當可取消此表格。

⑵是否可用其他表格代替？

如可，則此表格仍可取消。如不可，則續問下一問題。

⑶是否可與其他表格合併？

如可，則此表格仍可不必存在。如不可，再續問下一問題。

⑷是否可剔除其他表格？

如此表格必須成立而能剔除其他表格，則表格數量仍可不必增加。

二、有關名稱方面

1.任何表格都必須有名稱，並用明顯字體排印。

2.表格的名稱必須能表示出表格的主要內容，以助工作人員能集中其注意力於表格的主旨，並能於開始時即立足在正確的觀念與

基礎上。

3.表格的名稱必須簡要，使人能一目了然。

目前最常見的情形就是名稱用字太繁太長，增加閱讀的麻煩。例如，常把公司、廠的名稱印在表格名稱的前面「××公司××廠×××表」，須看到最後才看到表格的名稱。所以對內使用的表格不必加印公司、廠的名稱。如為對外用的表格可將公司、廠的名稱，用較少字體印在表格名稱的上方或下方，因為在此處，表格的名稱為主，公司、廠的名稱為副，兩者必須有別，以利明顯易讀。或者，公司、廠的名稱，甚至連地址與電話號碼等，印在表格的最下端或反面。

再則，名稱的用字亦須簡要，例如，「公務汽車借用單」，不如「請車單」三字來得簡單、明瞭、省事。

4.表格名稱一律印在表格的最上端，或置於正中、或置於左邊。如為縱式表格，則置右側中央處。

如表格資料過長須分印多頁時，各頁都應有名稱，除第一頁外，其餘各頁都應於名稱後註明(續前)字樣，以便查考。

6.報告用表格，應於左上方留出位置寫發文者姓名、地點(工作單位)、受文者姓名及報告內容的起訖月日，並於右上方空出位置填寫報告管制編號、報告送出日期及報告編號(報告人簽字於右下方)。報告的第二頁起應空出左上方填寫受文者姓名，報告日期及頁數。

三、有關編號方面

1.表格應有編號，以便查考。

2.編號的方法有多種，最常用而比較方便的方法如下：

例如 2468-3

第一數字(2)代表機構內第一級單位的編號。

第二數字(4)代表第一級單位內第二級單位的編號。

第三數字(6)代表於第二級單位內工作程序的編號。

第四數字(8)代表該工作程序內所有表格的編號。

第五數字(3)代表該表格附件順序的編號。

　　此種編號的優點，即在能很清楚的知道該表格的隸屬單位及隸屬程序，尤其能找出某程序內所有的表格，此點在研究表格時至為重要。

　　另外如效用編號，亦為較好的編號方法，現舉例如下：

　　3.表格的編號應排印在最上端右邊日期的上方，或用較小字體印於表格的左上角。

　　4.表格內資料如用分欄設計時，每一欄應編註號碼。如表格須在電話中、函件上、或公共場所交談者，則每一小格都應編註號碼，以利洽談。

　　5.複寫各聯雖其用途不同，都應與正本同一編號，有存根的表格，亦應同一編號。

四、有關內容方面

1. 表格項目的排列，應注意填寫，閱讀與審核等的方便，以減少錯誤的機會。事實上，表格因填寫錯誤而發生的損失比填寫表格的人工費用要昂貴得多。

2. 表格的內容，不是向他人報告資料，就是向他人索取資料，所以其文字必須明確妥當，以免發生誤會。

3. 表格的資料應為第一手資料，必須儘量避免由一表格再轉抄至另一表格，除可節省抄寫的時間與人力外，更可避免因抄寫而發生的錯誤。

4. 必須認真檢討表格內的資料是否確實有用，否則，即需修改或刪除。

5. 表格內的項目必須齊全，但不必要的項目亦必須刪除。

為能達到上列目的，可用下列三個問題來詳細檢討：

(1)每個項目是否必需？非必須者當然予以取消。

(2)應有項目是否齊全？現有項目雖不少，但必要項目有無遺漏？

(3)有無項目可以剔除？當必要項目補充後，則原來各項目有無可以刪除者？

6. 供管理上使用的表格其內容的設計，必須注意下列各要點：

(1)要有標準可供比較、分析，否則即無法採取必要的行動。

(2)要逐級澄清整理，以適應各級主管的需要，不宜僅將表格匯總蓋章呈閱。

⑶要抓住要點，適合工作需要。

⑷要切合時效。

7.表格內項目的間隔不得過於接近。否則由一項目引出的線，可能看成另一項目引入的線，或好像連接兩項目的線。

8.各項目應有足夠的填寫空位，重要的項目安排在一起，有關聯的項目應照順序排印在一起，具有結論的項目亦應與要相互比較的項目排在一起。

9.凡需要轉記或具有相互比較作用的項目，其相當項目的順序、方向、大小應排成一致，相互配合。

10.應確實檢討表格的複寫各聯是否需要？別認為僅多放一張複寫紙，又不必重覆抄寫，為無關緊要的事。然而複寫份數之多寡，仍會影響時間與人力。所以，如非必要仍應省去。

11.表格內必須要填寫的文字應預先印就，以免麻煩填表者費時抄寫。這一要點，實為日常最易疏忽的通病，不知浪費了多少人力與時間。目前此要點差不多僅只用的「民國年月日」處，其他地方則很少使用。就是在上例中，既然民國年月可以印出，為什麼六十七年的「六十」兩字又不印出，根據此條要點，應簡化成填寫者僅須填一「七」字即可。同理，其他任何表格、公文（稿或正副本）、通告等都應將必須填寫的文字先行印妥，以節省每次抄寫的麻煩。

例如：每月公佈某種表格的公告：

「茲根據××法××條××款的規定，公佈民國××年××月份××表如後。」其中,除某月份的「××」字每月改變外，其他所有的字都是固定不變的，所以，盡可以一次印就，按月填寫月份的數字即可公佈，實無須每月重覆抄寫的麻煩。

12.表格內的資料應合乎邏輯而有次序的排列。

即表格的資料必須合乎邏輯有系統的排列,使填表者、閱表者都感方便。一般情形,表格內的資料約可分為三大類:

(1)說明部分:如名稱、填表日期、編號、份數、時限、張數、填報單位、送達單位、遞送程序及親自填寫或打字等都屬說明資料,此等資料應置表格上端雙線的上方,使工作者於開始時即能獲得清晰的指示,應該注意些什麼?應該做些什麼?

(2)主體部分:此等資料應自表格上端雙線下方開始填寫。表格的主體資料為形成表格的主要目的,必須詳加分析與組織,務使能在表格主要作用的範圍內,按其性質及重要性分別次第排列,其中主要資料應置於表格最優最顯著的位置。

(3)結束部分:凡總計、建議、批判、核章等都屬結束部分資料。應置於表格下端雙線的上方,並與表格主體資料用粗線予以分開。

13.各不同表格內如有相同的資料,應都排印在相同的位置上,以便一次複寫完成,避免一次一次重覆抄寫的麻煩。

14.表格內的資料如屬於較繁或須作比較者,最好能橫方向相鄰排列,次之則為縱方向相鄰排列。

15.凡特別重要或強調注意的資料,可用較粗、較大字體或不同顏色,以示醒目。

16.新表格或現用表格複印時,必須先經過詳細審查修訂後才可複印。審查日期、印刷份數用較小字體印於表格左下方。

目前,很多機構對表格並無管理與控制制度,複印或重印時都未做審核工作,所以原審核日期現變為印刷日期,失去原來表示時效的權威性。

五、有關線條方面

1. 應善用各種線條，使表格更為美觀，而大家願意去接近它。

一般情形，很多人對表格內容費盡心思，加以設計，然而卻很少人對表格的線條加以注意。因此，原來一張內容很完善的表格，因線條的錯誤不當，而變成一張表示不清楚的表格，給人以不良的印象，殊為可惜。

2. 表格常用的線條有細線、粗線、雙線、三線及點線等五種，其使用方法如下圖所示：

(1)表格開始或結束多常用雙細線，如 B 及 J。在開始之雙細線上面，常填寫表格的名稱、編號、機構名稱、位址及日期等表格說明資料，可是在表格結束的雙細線下面，除非在表格反面可填表格之名稱、編號等資料外，通常都是不用填寫資料的。

(2)表格所需填寫的資料通常填在細線上方，加 C 及 G。雙細線除用作表格每一區域上下的分界外，亦可填寫資料，如 B、D 及 J。如表格中連續有多條細線，則每四條或五條細線夾一粗線，以免容易看錯橫列。

(3)每一欄的開始常用雙細線，結束時常用粗線，中間分隔則用細線，如 D、E 及 F。

(4)重要縱方向分隔，通常多用粗線，如 N 及 T。如其中尚有中間縱分隔，則用細線，如 R 及 L。當然此種用法並非一成不變者，因為如粗線用得太多，將使表格過黑反而不清晰。一元之角分在縱分隔內則多用點線，以示區別，如 S、Q、M 及 K。

(5)假如表格的縱方向可分成兩大部分，則此兩大部分之間可用三線分開，如 P。

(6)表格中某部分資料的結束線，如位於表格之中間部分者，則通常多用粗線，如 H。此點為表格設計時須應予特別注意者，因為表格中之資料，其各部分之關係彼此可能不相同，或許須加以不同之處理，所以必需正確的分隔清楚。

(7)在縱方向的分隔，則多用細線，如 A。如為重要的縱分隔，則可用粗線。以上所舉例子並不能包括線條所有的運用情形，不過最常用的方法均已包括在內，讀者可參考應用。

3.表格內所有需要書寫的地方，都應排印書寫線，以利書寫，不得僅留一大塊空白，以供填寫。

4.在一般情形，書寫線應用細線，但得視填寫時的環境而予以改變。

例如，在辦公室內有固定桌椅，有明亮燈光，與倉庫內收貨員僅能在不良光線下在手持的記錄板上書寫，其兩者所需書寫線的長短、寬窄、粗細及明暗自亦不同。

5.書寫線須有合適的寬度，一般常用於書寫線的寬度，有 1/6 〃、1/3 〃及 1/4 〃等。

6.表格內等距離線條的畫法。

例如，要在任意寬的兩線間作任意等距離的線條；假定分為七等分時，如上圖取七個半寸，使之斜置，並於各分點上畫平行線，即得所需要的線條。

7.如用打字機填入資料，則書寫線的距離應與打字機位置相一致，以免須時常調整打字行距的位置。

8.相同的線條不宜連續使用太多，以免混淆不清。如有數十行連在一起時，應每隔四或五條，夾一粗線或其他顏色線條，以利填寫或閱讀。

9.粗線、雙線以及三線都不宜使用太多，以免使整個表格發黑，既不美觀，內容資料亦不易顯現。

10.表格內的線條應避免顏色太多太雜，造成混亂不清的感覺。

六、有關數字方面

1.表格內數字應該一律用阿拉伯數字，因為此種字體整齊便捷且為國際間所通用。

2.表格內縱行數字的位置應上下相對，各數間的同位者尤須列在同一垂直線上，以便核算。

3.表格內數字如在四或五位以上者，須採用三位分段法加列分位點。

4.雖為同一數字用於不同欄分別出現時，仍須全數照寫，切不可用「同上」「同前」或「〃」「〃〃」等字樣或符號。

5.數字的單位應於縱行文字下或橫行文字後用括弧（ ）分別畫明，如所有數字都為同一單位，則可於標題下書明。

6.數字位數冗長而須表示細數時，可應用略數表示，但須註明單位(千萬、百萬)。

7.數字位數較多者，可在數字欄印分位小格，以使正確填寫。

8.凡無數字的空格，須用短線「-」填補，數字不詳者用短點線「…」填補。

9.凡可以累計的數字，應設累計欄，並視表格的目的，有時可再分為部分累計欄及全部累計欄。

10.表格內縱行數字與橫行數字的總結應相核對，百分比的總計應等於一百。

11.凡數字需相互比較時，以橫向同列相鄰排列為最佳。次之，則為縱向同行相鄰排列。

12.數字的總計數，以往都置於數列的末尾，即置於數列最低最右的位置。近年來有相反的趨勢，將總計數置最上排左邊的位置。一般來說，凡設計陳述性的表格，其目的在使閱讀者能先得到明確的概念，總計數能與標題相接近，首先顯示出來為佳。所以應採取總計數置最上排左邊的方法。

13.凡具有計算關係的表格，應使閱讀者能明瞭計算的關係為佳。

七、有關審核方面

1.核章人員應以實際負責者為限，無須各級逐層核章，以資簡化而明權責。

2.核章人員應盡可能避免重覆。目前常犯的毛病就是審核過於重覆，致使程序複雜，傳遞等待費時，不但造成效率低劣，尤其形成相互推諉責任，所謂大家蓋章，大家不負責的不良現象。

一般情形下，審核蓋章人數至多四人已足夠。如經過四人審核蓋章仍會發生問題的話，很明顯的，問題決不在蓋章人數的多寡上，而是在其他方面已有了問題，必須針對其問題而予以解決，增

加蓋章人數決不是有效的辦法。

3.蓋章欄應列出蓋章者的責任：蓋章即是負責任，這是大家都知道的事。但是事實上，很多人只知蓋章，卻很少人能說出蓋此章負些什麼責任。例如，現行一般表格蓋章的情形如下：

蓋章者都以官銜來表示，因此，如有主辦職員，副課長、秘書、主任秘書、特別助理等官銜者都可列為蓋章人而並不顯得重覆。然而你問其中任何一人，你的蓋章是負什麼責任？恐怕他一定說不來。所以表格內蓋章應列上責任為佳，如填表、初核、覆核及批示等。同時為表示何人初核、覆核及批示起見，可分別用較小字體加括弧註明股長、課長、廠長。

如組織上有副主管及秘書等職位者，必須先經由彼等代替主管核閱時，可分別蓋章於其主管蓋章的下方，而初核、覆核等不宜重覆增列。

4.蓋章的位置設計合適：蓋章即表示負責，所以蓋章的位置應針對負責的資料所在蓋章為宜。如對表格內的全部資料負責時，蓋章位置應列表格下端雙線的上方。至於自左向右或自右向左排列，可自行選擇，惟一經選擇決定後，則該機構內所有表格均應採取一致的方向排列。

5.要預留會章的位置：往往在現行的表格內未為會章者預留合適的位置，使蓋章人必須在表格內到處找空隙，以致混亂不堪。同時會章位置亦不宜留一塊空白，讓蓋章者到處亂蓋，應按單位別妥善排列設計。

6.核章者或會章者如須簽註意見時，應預留合適而充足的位置。以供簽註之用。一般情形僅留蓋章位置，而沒有預備簽註意見

的位置，此實為設計表格時的又一疏忽。

7. 蓋章與簽字：好似喜歡蓋章。其實，蓋章常是一件較麻煩的事，而並不一定能防止作弊。所以簽字比較方便省事，還可有較好的防弊作用。

八、有關印刷方面

1. 表格印刷時切勿疏忽大意，粗製濫造。

2. 印刷時應按所需用的數量選擇經濟有效的印刷方法，錯印、油印、複印、複寫等。

3. 印刷時，常以排版面積計算費用，所以如資料不多，不必用大張表格，不但可節省紙張。尤可節省印刷成本，方便儲存。

4. 應選擇合適大小、字跡清楚的字體，以加強表格資料的明顯性。

5. 印刷時縱線與橫線應分兩次排印，使線條交叉時得以平直、連貫及整齊。

6. 字體種類、大小、線條粗細及資料位置，所用顏色等一切都應依照設計排印，印刷者不得隨便改變。

7. 避免印刷或複印時製版不良，發生線條中斷、字句不連、缺少部分字跡與線條等情形，致使印刷時模糊不清。

8. 表格左端各欄第一個字應盡可能排印整齊，使成直線。

9. 印刷的字體、線條不一定一律用黑色，可選用褐色等其他顏色，使填寫資料更為明顯清楚。

10. 凡購印表格時，必須有完全的、清楚的、正確的規格，否則

即無法印製成合意、適用的表格。

11. 應按表格的重要性及用途，選擇合適品質的紙張。

12. 複寫份數較多之表格，應選用較薄的紙張。

13. 機構內部自己印製表格時，必須交由有印刷經驗的人員負責。過去大部分印製不良的表格，都是機構內部自己隨便印製的。

14. 如表格經常使用，而內容又不需大量的修改，可請印刷廠商製成橡皮版永久保留，以免一次大量印製，或每次印刷時再行排版的浪費。

15. 表格的零碎個別印製，成為無計畫管制的現象。所以凡需要同時交貨、同紙質，同顏色的印件，都可以用成批購印的辦法，統籌全機構的表格，一次並排複印，以降低印刷成本。

16. 為避免一次大量印製，複印改變造成作廢的損失，以及增加倉儲與分擔保管費用等起見，可採用長期合約購印辦法，指定供應數量、月份。如此，印刷者亦可事先準備，安排時間妥為排印，省得臨時匆忙趕印，甚至延誤交貨日期。

17. 不可過於克扣印刷費用，致使印刷廠商無法做合適的印刷，而供應不良的表格，影響工作效率。

九、其他設計注意事項

1. 表格設計時應與該表格使用人員協調洽商，以瞭解使用的實際情況與需要，方能設計出既合表格設計原則，又能切合實用的表格。

2. 表格設計時應力求填寫容易、審閱方便，所用文字更應簡易

明確。

3.表格以採用由左而右的橫式為原則，必要時可採用縱式，縱式表格應由右而左，由上而下。

4.表格的外型計有兩種，一種為開式表格，一為封式表格。

其形式如下：

開式表格只畫出頂線和底線，省去左邊線及右邊線，因形式似王字，又稱王式表格。此種表格使用自如，資料多時可酌向左右兩邊擴大，印刷方便，形式美觀，現在中外各國多採用此種形式。

封式表格，即表格的上下左右四週宜全用線條封閉，近來已不多使用。

5.表格要小心設計得使「印就資料」能清楚，但不得淩越或遮蓋「填寫資料」。即表格上「印就資料」應避免字體太大太粗，其所需面積亦應僅可能縮小，使「印就資料」居於背景地位，則好促使「填寫資料」能明顯的現出，以利閱讀。

6.表格內「填寫資料」應盡可能與「印就資料」靠近，以免上下行看錯，填錯。

以上的缺點，不外乎是創造表格的結果，再不然就是設計的草圖無一定的規格，而讓排版者任意做設計的最後決定，僅以把需要的文字排完為滿足，根本沒有顧到位置是否合適。

7.須留足夠的填寫位置，而不浪費紙張。一般情形，設計表格時只顧到將所需的各項資料排入，而所留填寫的位置不是太短就是太窄，很少考慮到填寫者是否可將資料全部清楚的填入。企業的經營，一切都應該為顧客著想，同樣的道理，表格的設計也應該一切為填表者與閱表者著想。

8.應充分應用鉤填法，使填表時能輕鬆快速。凡由已知條件中選擇一種時，都可採用此法。不但使填表者可以省時省力，且當閱表者及運用表內資料者，在讀取表中資料時，表內印就資料的字跡總比填寫資料的字跡要更清楚得多。

⑴鉤填法可使工作簡便，不容易發生錯誤。

例如：現在常用的方法

⑵鉤填法可簡化印刷及使用的麻煩。

例如：表格有多聯時，常印有「第一聯」、「第二聯」等等，各聯其他資料都完全相同，惟其中「一」、「二」等字樣必須一次一次分別排字重印，不但浪費時間，並且印刷成本亦因此而增加。尤其使用時，如缺少其中任何一聯，其他各聯即無法使用。所以如將各聯所要分送的單位印出來而用鉤填法，則各聯都可以一次全部印成，使用時任何一張都可取用，同時任何一單位拿到此聯後還可知道何單位已有此聯。

⑶鉤填法的方框應置於選擇項目的後面，項目與項目間至少要有一方框的間隔，方框不宜過小，避免僅能劃一小點記號之弊。

9.表格用紙張應採用標準尺寸：除另有規定外，紙張規格宜採用丁字標準。此類規格是按原紙張大小對折裁開，無紙邊的浪費，為較經濟的規格。

除按規格的標準大小外，不應再有其他各種大小不同尺寸的表格。

紙張球體版本號與複印時審核日期及印刷份數用較小號字體排印在表格的左下方。

10.如為英文打字用的表格：

⑴每行起點應設計在同一位置上，以免打字者空打字鍵，或須用手來往移動。

⑵一行內要填兩行資料時，應置原兩行的資料於同一行的兩欄內，以免用手去調整打字機的位置。

⑶打字線的距離應與打字機打字位置相一致，省去調整行距的麻煩。

11.表格應留有合適的週圍空位。

⑴應留適當的邊緣，以便印刷時持取，上下邊共留 10/16 寸，兩邊各留 1/4 寸。

⑵頂端或一側應留裝訂邊約 3/4～1 寸。

⑶如須打孔裝訂者，應預留需要的地位。

12.每一表格應盡可能容於一紙內，但如項目過多時，寧願分為兩表或分頁列明，切忌紙張過大過長，致使閱覽、傳遞及保存等諸多不便。

13.表格內容如字體較小時，不可太擠，上下行亦不可太靠近；尤其不宜將字跡橫過全面，應把橫向分成兩段，以避免眼睛容易疲勞，更容易填錯、看錯。

14.表格內部各不同資料，應有明顯分界，且印刷清楚、美觀。特別重要資料，可用較粗線框出。

15.每欄的標題應簡潔、明確。表格內的字句，亦應力求簡要，以免發生誤解，減少錯誤。

16.要注意表格副本的份數，用紙的規格與品質是否經濟、實用。

17.凡同性質的工作，應盡可能併裝一表格內；相類似的表格應儘量合併，以節省印刷費用及用人費用；更須避免表格的重覆，以

節省人力與時間。

18.為使得分類、選擇、統計起見,可將選擇的標記印入表格內,或用不同類色印製。如為卡片,則可分別打洞,或裁角,或染色,以易區別。

19.如有有關說明事項,則安置於表格最上端雙線的上方,或下端雙線的下方。

20.表格紙張如須折疊時,則折疊紙的邊緣至裝訂線間的寬度以十公釐為度。

21.凡需配合右手單手操作的表格,其裝訂位置應在左側,以便利左手單手翻閱。

22.如表格背面必須填寫或印有資料者,應於正面註明。

23.表格內所需資料排列完畢後,如仍有多餘空位,則作為備註欄之用。但是千萬別將需用的位置拼命擠縮,而留出位置作為備註欄。一般來說,一張設計週密精良的表格是無須備註才對。然而我們現實的情形,往往是擠出有用的位置作為備註欄,反而使表格內需要的資料沒有足夠的位置可用,而擠出來的備註欄卻又常常是空白沒有資料可填的不合理現象。

24.要按表格用途選用合適的紙張品質:凡重要或須保存的表格,應用耐擦紙張。傳遞或處理較多者,應選用耐用紙張。用墨水填寫者,應用不滲透的紙張。同時亦應選用合適的書寫工具,以利填寫。往往紙質不良,書寫不良,以及印刷不良,都造成心理上的影響,使工作效率不佳。

25.表格如需分送多單位處理者,可用不同顏色或不同色紙印製。並將各種顏色的單位名稱與用途,排印於表格上端雙線的左

邊，或表格下端雙線的下方。

26.表格內的字體、數字、線條以及整個佈局，應力求清潔，整齊、美觀。

27.表格複印時的草圖，應設計得正確、詳盡，千萬不可在空白的紙上任意畫成大概的草圖，而希望由印刷者能替你印出一張有效的良好表格，這是絕對不可能的事。

心得欄 _____

_____

_____

_____

_____

_____

臺灣的核心競爭力，就在這裏！

圖 書 出 版 目 錄

下列圖書是由臺灣的憲業企管顧問（集團）公司所出版，自 1993 年秉持專業立場，特別注重實務應用，50 餘位顧問師為企業界提供最專業的經營管理類圖書。

選購企管書，敬請認明品牌 ： 憲 業 企 管 公 司 。

1. 傳播書香社會，直接向本出版社購買，一律 9 折優惠，郵遞費用由本公司負擔。服務電話 (02) 27622241　(03) 9310960　　傳真 (03) 9310961

2. 付款方式：請將書款轉帳到我公司下列的銀行帳戶。
   - 銀行名稱：合作金庫銀行（敦南分行）　帳號：**5034-717-347447**
   - 公司名稱：憲業企管顧問有限公司
   - 郵局劃撥號碼：**18410591**　郵局劃撥戶名：憲業企管顧問公司

3. 圖書出版資料每週隨時更新，請見網站 www.bookstore99.com

經營顧問叢書

25	王永慶的經營管理	360 元	129	邁克爾·波特的戰略智慧	360 元
47	營業部門推銷技巧	390 元	130	如何制定企業經營戰略	360 元
52	堅持一定成功	360 元	135	成敗關鍵的談判技巧	360 元
56	對準目標	360 元	137	生產部門、行銷部門績效考核手冊	360 元
60	寶潔品牌操作手冊	360 元	139	行銷機能診斷	360 元
72	傳銷致富	360 元	140	企業如何節流	360 元
78	財務經理手冊	360 元	141	責任	360 元
79	財務診斷技巧	360 元	142	企業接棒人	360 元
86	企劃管理制度化	360 元	144	企業的外包操作管理	360 元
91	汽車販賣技巧大公開	360 元	146	主管階層績效考核手冊	360 元
97	企業收款管理	360 元	147	六步打造績效考核體系	360 元
100	幹部決定執行力	360 元	148	六步打造培訓體系	360 元
122	熱愛工作	360 元	149	展覽會行銷技巧	360 元
125	部門經營計劃工作	360 元			

150	企業流程管理技巧	360 元
152	向西點軍校學管理	360 元
154	領導你的成功團隊	360 元
155	頂尖傳銷術	360 元
160	各部門編制預算工作	360 元
163	只為成功找方法，不為失敗找藉口	360 元
167	網路商店管理手冊	360 元
168	生氣不如爭氣	360 元
170	模仿就能成功	350 元
176	每天進步一點點	350 元
181	速度是贏利關鍵	360 元
183	如何識別人才	360 元
184	找方法解決問題	360 元
185	不景氣時期，如何降低成本	360 元
186	營業管理疑難雜症與對策	360 元
187	廠商掌握零售賣場的竅門	360 元
188	推銷之神傳世技巧	360 元
189	企業經營案例解析	360 元
191	豐田汽車管理模式	360 元
192	企業執行力（技巧篇）	360 元
193	領導魅力	360 元
198	銷售說服技巧	360 元
199	促銷工具疑難雜症與對策	360 元
200	如何推動目標管理（第三版）	390 元
201	網路行銷技巧	360 元
204	客戶服務部工作流程	360 元
206	如何鞏固客戶（增訂二版）	360 元
208	經濟大崩潰	360 元
215	行銷計劃書的撰寫與執行	360 元
216	內部控制實務與案例	360 元
217	透視財務分析內幕	360 元
219	總經理如何管理公司	360 元
222	確保新產品銷售成功	360 元
223	品牌成功關鍵步驟	360 元
224	客戶服務部門績效量化指標	360 元
226	商業網站成功密碼	360 元
228	經營分析	360 元
229	產品經理手冊	360 元
230	診斷改善你的企業	360 元
232	電子郵件成功技巧	360 元
234	銷售通路管理實務〈增訂二版〉	360 元
235	求職面試一定成功	360 元
236	客戶管理操作實務〈增訂二版〉	360 元
237	總經理如何領導成功團隊	360 元
238	總經理如何熟悉財務控制	360 元
239	總經理如何靈活調動資金	360 元
240	有趣的生活經濟學	360 元
241	業務員經營轄區市場（增訂二版）	360 元
242	搜索引擎行銷	360 元
243	如何推動利潤中心制度（增訂二版）	360 元
244	經營智慧	360 元
245	企業危機應對實戰技巧	360 元
246	行銷總監工作指引	360 元
247	行銷總監實戰案例	360 元
248	企業戰略執行手冊	360 元
249	大客戶搖錢樹	360 元
250	企業經營計劃〈增訂二版〉	360 元
252	營業管理實務（增訂二版）	360 元
253	銷售部門績效考核量化指標	360 元
254	員工招聘操作手冊	360 元
256	有效溝通技巧	360 元
257	會議手冊	360 元
258	如何處理員工離職問題	360 元
259	提高工作效率	360 元
261	員工招聘性向測試方法	360 元
262	解決問題	360 元
263	微利時代制勝法寶	360 元
264	如何拿到 VC（風險投資）的錢	360 元
267	促銷管理實務〈增訂五版〉	360 元
268	顧客情報管理技巧	360 元
269	如何改善企業組織績效〈增訂二版〉	360 元
270	低調才是大智慧	360 元
272	主管必備的授權技巧	360 元
275	主管如何激勵部屬	360 元

276	輕鬆擁有幽默口才	360 元
277	各部門年度計劃工作（增訂二版）	360 元
278	面試主考官工作實務	360 元
279	總經理重點工作（增訂二版）	360 元
282	如何提高市場佔有率（增訂二版）	360 元
283	財務部流程規範化管理（增訂二版）	360 元
284	時間管理手冊	360 元
285	人事經理操作手冊（增訂二版）	360 元
286	贏得競爭優勢的模仿戰略	360 元
287	電話推銷培訓教材（增訂三版）	360 元
288	贏在細節管理（增訂二版）	360 元
289	企業識別系統 CIS（增訂二版）	360 元
290	部門主管手冊（增訂五版）	360 元
291	財務查帳技巧（增訂二版）	360 元
292	商業簡報技巧	360 元
293	業務員疑難雜症與對策（增訂二版）	360 元
294	內部控制規範手冊	360 元
295	哈佛領導力課程	360 元
296	如何診斷企業財務狀況	360 元
297	營業部轄區管理規範工具書	360 元
298	售後服務手冊	360 元
299	業績倍增的銷售技巧	400 元
300	行政部流程規範化管理（增訂二版）	400 元
301	如何撰寫商業計畫書	400 元
302	行銷部流程規範化管理（增訂二版）	400 元
303	人力資源部流程規範化管理（增訂四版）	420 元
304	生產部流程規範化管理（增訂二版）	400 元
305	績效考核手冊（增訂二版）	400 元
306	經銷商管理手冊（增訂四版）	420 元
307	招聘作業規範手冊	420 元

308	喬·吉拉德銷售智慧	400 元
309	商品鋪貨規範工具書	400 元
310	企業併購案例精華（增訂二版）	420 元
311	客戶抱怨手冊	400 元
312	如何撰寫職位說明書（增訂二版）	400 元
313	總務部門重點工作（增訂三版）	400 元
314	客戶拒絕就是銷售成功的開始	400 元
315	如何選人、育人、用人、留人、辭人	400 元
316	危機管理案例精華	400 元
317	節約的都是利潤	400 元
318	企業盈利模式	400 元
319	應收帳款的管理與催收	420 元
320	總經理手冊	420 元
321	新產品銷售一定成功	420 元
322	銷售獎勵辦法	420 元
323	財務主管工作手冊	420 元
324	降低人力成本	420 元
325	企業如何制度化	420 元

《商店叢書》

18	店員推銷技巧	360 元
30	特許連鎖業經營技巧	360 元
35	商店標準操作流程	360 元
36	商店導購口才專業培訓	360 元
37	速食店操作手冊〈增訂二版〉	360 元
38	網路商店創業手冊〈增訂二版〉	360 元
40	商店診斷實務	360 元
41	店鋪商品管理手冊	360 元
42	店員操作手冊（增訂三版）	360 元
44	店長如何提升業績〈增訂二版〉	360 元
45	向肯德基學習連鎖經營〈增訂二版〉	360 元
47	賣場如何經營會員制俱樂部	360 元
48	賣場銷量神奇交叉分析	360 元
49	商場促銷法寶	360 元

53	餐飲業工作規範	360 元
54	有效的店員銷售技巧	360 元
55	如何開創連鎖體系〈增訂三版〉	360 元
56	開一家穩賺不賠的網路商店	360 元
57	連鎖業開店複製流程	360 元
58	商鋪業績提升技巧	360 元
59	店員工作規範（增訂二版）	400 元
60	連鎖業加盟合約	400 元
61	架設強大的連鎖總部	400 元
62	餐飲業經營技巧	400 元
63	連鎖店操作手冊（增訂五版）	420 元
64	賣場管理督導手冊	420 元
65	連鎖店督導師手冊（增訂二版）	420 元
66	店長操作手冊（增訂六版）	420 元
67	店長數據化管理技巧	420 元
68	開店創業手冊〈增訂四版〉	420 元
69	連鎖業商品開發與物流配送	420 元
70	連鎖業加盟招商與培訓作法	420 元
71	金牌店員內部培訓手冊	420 元
72	如何撰寫連鎖業營運手冊〈增訂三版〉	420 元

《工廠叢書》

15	工廠設備維護手冊	380 元
16	品管圈活動指南	380 元
17	品管圈推動實務	380 元
20	如何推動提案制度	380 元
24	六西格瑪管理手冊	380 元
30	生產績效診斷與評估	380 元
32	如何藉助 IE 提升業績	380 元
38	目視管理操作技巧(增訂二版)	380 元
46	降低生產成本	380 元
47	物流配送績效管理	380 元
51	透視流程改善技巧	380 元
55	企業標準化的創建與推動	380 元
56	精細化生產管理	380 元
57	品質管制手法〈增訂二版〉	380 元
58	如何改善生產績效〈增訂二版〉	380 元

68	打造一流的生產作業廠區	380 元
70	如何控制不良品〈增訂二版〉	380 元
71	全面消除生產浪費	380 元
72	現場工程改善應用手冊	380 元
75	生產計劃的規劃與執行	380 元
77	確保新產品開發成功（增訂四版）	380 元
79	6S 管理運作技巧	380 元
83	品管部經理操作規範〈增訂二版〉	380 元
84	供應商管理手冊	380 元
85	採購管理工作細則〈增訂二版〉	380 元
87	物料管理控制實務〈增訂二版〉	380 元
88	豐田現場管理技巧	380 元
89	生產現場管理實戰案例〈增訂三版〉	380 元
90	如何推動 5S 管理（增訂五版）	420 元
92	生產主管操作手冊(增訂五版)	420 元
93	機器設備維護管理工具書	420 元
94	如何解決工廠問題	420 元
95	採購談判與議價技巧〈增訂二版〉	420 元
96	生產訂單運作方式與變更管理	420 元
97	商品管理流程控制(增訂四版)	420 元
98	採購管理實務〈增訂六版〉	420 元
99	如何管理倉庫〈增訂八版〉	420 元
100	部門績效考核的量化管理（增訂六版）	420 元
101	如何預防採購舞弊	420 元
102	生產主管工作技巧	420 元
103	工廠管理標準作業流程〈增訂三版〉	420 元

《醫學保健叢書》

1	9 週加強免疫能力	320 元
3	如何克服失眠	320 元
4	美麗肌膚有妙方	320 元
5	減肥瘦身一定成功	360 元
6	輕鬆懷孕手冊	360 元

7	育兒保健手冊	360元
8	輕鬆坐月子	360元
11	排毒養生方法	360元
13	排除體內毒素	360元
14	排除便秘困擾	360元
15	維生素保健全書	360元
16	腎臟病患者的治療與保健	360元
17	肝病患者的治療與保健	360元
18	糖尿病患者的治療與保健	360元
19	高血壓患者的治療與保健	360元
22	給老爸老媽的保健全書	360元
23	如何降低高血壓	360元
24	如何治療糖尿病	360元
25	如何降低膽固醇	360元
26	人體器官使用說明書	360元
27	這樣喝水最健康	360元
28	輕鬆排毒方法	360元
29	中醫養生手冊	360元
30	孕婦手冊	360元
31	育兒手冊	360元
32	幾千年的中醫養生方法	360元
34	糖尿病治療全書	360元
35	活到120歲的飲食方法	360元
36	7天克服便秘	360元
37	為長壽做準備	360元
39	拒絕三高有方法	360元
40	一定要懷孕	360元
41	提高免疫力可抵抗癌症	360元
42	生男生女有技巧〈增訂三版〉	360元

《培訓叢書》

11	培訓師的現場培訓技巧	360元
12	培訓師的演講技巧	360元
15	戶外培訓活動實施技巧	360元
17	針對部門主管的培訓遊戲	360元
21	培訓部門經理操作手冊（增訂三版）	360元
23	培訓部門流程規範化管理	360元
24	領導技巧培訓遊戲	360元
26	提升服務品質培訓遊戲	360元
27	執行能力培訓遊戲	360元

28	企業如何培訓內部講師	360元
29	培訓師手冊（增訂五版）	420元
30	團隊合作培訓遊戲(增訂三版)	420元
31	激勵員工培訓遊戲	420元
32	企業培訓活動的破冰遊戲（增訂二版）	420元
33	解決問題能力培訓遊戲	420元
34	情商管理培訓遊戲	420元
35	企業培訓遊戲大全(增訂四版)	420元
36	銷售部門培訓遊戲綜合本	420元

《傳銷叢書》

4	傳銷致富	360元
5	傳銷培訓課程	360元
10	頂尖傳銷術	360元
12	現在輪到你成功	350元
13	鑽石傳銷商培訓手冊	350元
14	傳銷皇帝的激勵技巧	360元
15	傳銷皇帝的溝通技巧	360元
19	傳銷分享會運作範例	360元
20	傳銷成功技巧（增訂五版）	400元
21	傳銷領袖（增訂二版）	400元
22	傳銷話術	400元
23	如何傳銷邀約	400元

《幼兒培育叢書》

1	如何培育傑出子女	360元
2	培育財富子女	360元
3	如何激發孩子的學習潛能	360元
4	鼓勵孩子	360元
5	別溺愛孩子	360元
6	孩子考第一名	360元
7	父母要如何與孩子溝通	360元
8	父母要如何培養孩子的好習慣	360元
9	父母要如何激發孩子學習潛能	360元
10	如何讓孩子變得堅強自信	360元

《成功叢書》

1	猶太富翁經商智慧	360元
2	致富鑽石法則	360元
3	發現財富密碼	360元

《企業傳記叢書》

| 1 | 零售巨人沃爾瑪 | 360元 |

2	大型企業失敗啟示錄	360 元
3	企業併購始祖洛克菲勒	360 元
4	透視戴爾經營技巧	360 元
5	亞馬遜網路書店傳奇	360 元
6	動物智慧的企業競爭啟示	320 元
7	CEO 拯救企業	360 元
8	世界首富　宜家王國	360 元
9	航空巨人波音傳奇	360 元
10	傳媒併購大亨	360 元

《智慧叢書》

1	禪的智慧	360 元
2	生活禪	360 元
3	易經的智慧	360 元
4	禪的管理大智慧	360 元
5	改變命運的人生智慧	360 元
6	如何吸取中庸智慧	360 元
7	如何吸取老子智慧	360 元
8	如何吸取易經智慧	360 元
9	經濟大崩潰	360 元
10	有趣的生活經濟學	360 元
11	低調才是大智慧	360 元

《DIY 叢書》

1	居家節約竅門 DIY	360 元
2	愛護汽車 DIY	360 元
3	現代居家風水 DIY	360 元
4	居家收納整理 DIY	360 元
5	廚房竅門 DIY	360 元
6	家庭裝修 DIY	360 元
7	省油大作戰	360 元

《財務管理叢書》

1	如何編制部門年度預算	360 元
2	財務查帳技巧	360 元
3	財務經理手冊	360 元
4	財務診斷技巧	360 元
5	內部控制實務	360 元
6	財務管理制度化	360 元
8	財務部流程規範化管理	360 元
9	如何推動利潤中心制度	360 元

為方便讀者選購，本公司將一部分上述圖書又加以專門分類如下：

《主管叢書》

1	部門主管手冊（增訂五版）	360 元
2	總經理手冊	420 元
4	生產主管操作手冊（增訂五版）	420 元
5	店長操作手冊（增訂六版）	420 元
6	財務經理手冊	360 元
7	人事經理操作手冊	360 元
8	行銷總監工作指引	360 元
9	行銷總監實戰案例	360 元

《總經理叢書》

1	總經理如何經營公司(增訂二版)	360 元
2	總經理如何管理公司	360 元
3	總經理如何領導成功團隊	360 元
4	總經理如何熟悉財務控制	360 元
5	總經理如何靈活調動資金	360 元
6	總經理手冊	420 元

《人事管理叢書》

1	人事經理操作手冊	360 元
2	員工招聘操作手冊	360 元
3	員工招聘性向測試方法	360 元
5	總務部門重點工作（增訂三版）	400 元
6	如何識別人才	360 元
7	如何處理員工離職問題	360 元
8	人力資源部流程規範化管理（增訂四版）	420 元
9	面試主考官工作實務	360 元
10	主管如何激勵部屬	360 元
11	主管必備的授權技巧	360 元
12	部門主管手冊（增訂五版）	360 元

《理財叢書》

1	巴菲特股票投資忠告	360 元
2	受益一生的投資理財	360 元
3	終身理財計劃	360 元
4	如何投資黃金	360 元
5	巴菲特投資必贏技巧	360 元
6	投資基金賺錢方法	360 元
7	索羅斯的基金投資必贏忠告	360 元

8	巴菲特為何投資比亞迪	360 元

《網路行銷叢書》

1	網路商店創業手冊〈增訂二版〉	360 元
2	網路商店管理手冊	360 元
3	網路行銷技巧	360 元
4	商業網站成功密碼	360 元
5	電子郵件成功技巧	360 元

6	搜索引擎行銷	360 元

《企業計劃叢書》

1	企業經營計劃〈增訂二版〉	360 元
2	各部門年度計劃工作	360 元
3	各部門編制預算工作	360 元
4	經營分析	360 元
5	企業戰略執行手冊	360 元

請保留此圖書目錄：

　　未來在長遠的工作上，此圖書目錄

可能會對您有幫助！！

如何藉助流程改善，

提升企業績效？

敬請參考下列各書，內容保證精彩：
- · 透視流程改善技巧（380 元）
- · 工廠管理標準作業流程（420 元）
- · 商品管理流程控制（420 元）
- · 如何改善企業組織績效（360 元）
- · 診斷改善你的企業（360 元）

上述各書均有在書店陳列販賣，若書店賣完而來不及由庫存書補充上架，請讀者直接向店員詢問、購買，最快速、方便！購買方法如下：

銀行名稱：合作金庫銀行 敦南分行(代碼：006)

帳號：5034-717-347-447

公司名稱：憲業企管顧問有限公司

郵局劃撥帳號：18410591

用培訓、提升企業競爭力是萬無一失、事半功倍的方法。其效果更具有超大的「投資報酬力」！

好消息

最 暢 銷 的 工 廠 叢 書

序 號	名 稱	售 價
47	物流配送績效管理	380 元
51	透視流程改善技巧	380 元
55	企業標準化的創建與推動	380 元
56	精細化生產管理	380 元
57	品質管制手法〈增訂二版〉	380 元
58	如何改善生產績效〈增訂二版〉	380 元
68	打造一流的生產作業廠區	380 元
70	如何控制不良品〈增訂二版〉	380 元
71	全面消除生產浪費	380 元
72	現場工程改善應用手冊	380 元
75	生產計劃的規劃與執行	380 元
77	確保新產品開發成功（增訂四版）	380 元
79	6S 管理運作技巧	380 元
83	品管部經理操作規範〈增訂二版〉	380 元
84	供應商管理手冊	380 元
85	採購管理工作細則〈增訂二版〉	380 元
87	物料管理控制實務〈增訂二版〉	380 元
88	豐田現場管理技巧	380 元
89	生產現場管理實戰案例〈增訂三版〉	380 元
90	如何推動 5S 管理（增訂五版）	420 元
92	生產主管操作手冊（增訂五版）	420 元
93	機器設備維護管理工具書	420 元
94	如何解決工廠問題	420 元
96	生產訂單運作方式與變更管理	420 元
97	商品管理流程控制（增訂四版）	420 元
98	採購管理實務〈增訂六版〉	420 元
99	如何管理倉庫〈增訂八版〉	420 元
100	部門績效考核的量化管理（增訂六版）	420 元
101	如何預防採購舞弊	420 元
102	生產主管工作技巧	420 元
103	工廠管理標準作業流程〈增訂三版〉	420 元

在海外出差的⋯⋯⋯
臺 灣 上 班 族
不斷學習，持續投資在自己的競爭力，最划得來的⋯⋯

愈來愈多的台灣上班族，到海外工作（或海外出差），對工作的努力與敬業，是台灣上班族的核心競爭力；一個明顯

的例子，返台休假期間，台灣上班族都會抽空再買書，設法充實自身專業能力。

[憲業企管顧問公司]以專業立場，為企業界提供專業咨詢，並提供最專業的各種經營管理類圖書。

85%的台灣上班族都曾經有過購買（或閱讀）[憲業企管顧問公司]所出版的各種企管圖書。

建議你：工作之餘要多看書，加強競爭力。

建立企業圖書館

當市場競爭激烈時：

培訓員工，強化員工競爭力
是企業最佳對策

「人才」是企業最大的財富。如何提升人才，是企業永續經營、戰勝對手的核心競爭力。積極培訓公司內部員工，是經濟不景氣時期的最佳戰略，而最快速的具體作法，就是「建立企業內部圖書館，鼓勵員工多閱讀、多進修專業書籍」

建議您：請一次購足本公司所出版各種經營管理類圖書，作為貴公司內部員工培訓圖書。使用率高的（例如「贏在細節管理」），準備 3 本；使用率低的（例如「工廠設備維護手冊」），只買 1 本。

經營顧問叢書 ㉟   售價：420 元

企業如何制度化

西元二〇一七年六月　　　　　　初版一刷

編輯指導：黃憲仁

編著：王力勤

策劃：麥可國際出版有限公司（新加坡）

編輯：蕭玲

校對：劉飛娟

發行人：黃憲仁

發行所：憲業企管顧問有限公司

電話：（02）2762-2241　　（03）9310960　　0930872873

電子郵件聯絡信箱：huang2838@yahoo.com.tw

銀行 ATM 轉帳：合作金庫銀行　　帳號：5034-717-347447

郵政劃撥：18410591　　憲業企管顧問有限公司

江祖平律師顧問：紙品書、數位書著作權與版權均歸本公司所有

登記證：行政業新聞局版台業字第 6380 號

本公司徵求海外版權出版代理商（0930872873）

本圖書是由憲業企管顧問（集團）公司所出版，以專業立場，為企業界提供最專業的各種經營管理類圖書。

圖書編號 ISBN：978-986-369-059-7